JN245083

建設現場の労災保険の基礎知識Q&A

Kensetsu Genba no Rousai Hoken no Kiso Chishiki

町田安全衛生リサーチ
元労働基準監督署長　村木宏吉

大成出版社

はじめに

本書は、2010年（平成22年）に初版を発行し、それなりの御評価をいただいた「建設現場で使える労災保険Q&A」の新訂版として内容を見直し書名を変更して新たに刊行するものです。

建設業界関係者の不断のご努力により、我が国の労災死亡者数は、2016年に928名（全業種）と史上最も少ない数字となりました。また、厚生労働省が提唱する労働災害防止計画も第13次（2018年度開始）となり、引き続き労働災害防止の取組が進められています。

しかしながら、建設業に従事する労働者数は減少の一途をたどり、このままでは国民の安全・安心な生活を確保することも困難な状態となりかねません。

そのため、国土交通省が中心となり、建設業従事労働者の生涯総収入を改善するために社会保険未加入問題が取り上げられているほか、若年労働者が安心して建設業に従事するためには、従来以上の安全衛生管理が必要とされています。

今日、書店等を見渡せば、労働災害防止に関する書籍は数え切れないほどありますが、工事現場でいざ労災事故が発生したときにどうすればよいかを書いたものは、皆無に等しい状況です。被災労働者の社会復帰を円滑に進めるため、あるいは不幸にして死亡災害に遭われたご遺族の方々の生活を守るため、ひいては示談を円滑に進め企業の補償責任を全うするためには、労災保険に関する正確な知識を、1人でも多くの業界関係者に持っていただく必要があると思います。

また、労働基準監督署が災害発生時に立入調査をするのはもちろん、災害が発生していなくても現場へ予告なしに立入調査を実施することがあります。これを邪魔なものととらえるか現場にとって有意義ととらえるか、はたまた企業にとって有意義ととらえるか。それによっては、現場担当者の負担感を無くすことができるでしょう。

これらに応えるわかりやすい書籍を作るのは、労働基準行政に長年にわたり従事した著者の責務と考えました。本書の作成に当たり、読みやすく、わかりやすい記述に努めたつもりですので、至らない点についての御指摘があれば謹んでお受けいたします。

建設業に従事する多くの方々に、本書を御活用いただければ幸いです。

2018年5月吉日

村木宏吉

凡例

本書で使用した法令の略称は次のとおりです。

労働基準法…………………………………………………………労基法
労働基準法施行規則………………………………………………労基則
労働者災害補償保険法……………………………………………労災保険法
労働者災害補償保険法施行令……………………………………労災保険令
労働者災害補償保険法施行規則…………………………………労災保険則
労働者災害補償保険法の施行に関する
事務に使用する文書の様式………………………………………告示様式
労働保険の保険料の徴収等に関する法律………………………徴収法
労働保険の保険料の徴収等に関する法律施行規則……………徴収則
労働安全衛生法……………………………………………………安衛法
労働安全衛生法施行令……………………………………………安衛令
労働安全衛生規則…………………………………………………安衛則

また、次の略称を用いています。

労働基準監督署……………………………………………………労基署
労働基準監督署長…………………………………………………労基署長
労働基準監督官……………………………………………………監督官
労災保険指定病院…………………………………………………指定病院
労働保険事務組合…………………………………………………事務組合

目次

第１章 工事現場の労災保険の加入手続等

1. 労災保険とはどのようなものか

2. 工事の開始にあたって行う手続等

3. 工事追加時

4. 工事終了時

5. 労働災害発生時（詳細は第３章参照）

第２章
現場で労災になるものならないもの

10. 通勤災害

第３章
労災事故が発生したらどう対応すればよいか

1. 電話で一報（本社等）

2. 病院に提出する書類

3. 労働基準監督署へ提出する書類等

4. 工事終了後の労災事故の扱い

第４章
労災保険にもマイナンバーが必要

第５章
示談になるとき

第６章
メリット制、無災害表彰、労災かくし、職業性疾病、健康管理手帳等

1. メリット制とは

2. 全工期無災害表彰とは

3. 都道府県労働局長表彰（全国安全週間表彰）

4. 厚生労働大臣表彰（全国安全週間表彰）

5. 労災かくしとその予防対策

6. 職業性疾病と労災保険、健康管理手帳

7. 費用徴収と求償（都道府県労働局長からの請求書）

コラムリスト

第１章
工事現場の労災保険の加入手続等

建設工事が開始されると同時に労災保険が必要となります。ここでは、労災保険をかける手続（労災保険関係成立手続）について説明します。

また、労災保険関係成立手続が終了した後、工事に変更が生じた場合、工期が延びたり、途中で終了したり、追加工事が出た場合など、質問が多い事項や誤解されがちな事項について取り上げています。

本章の構成は以下のとおりです。

1. 労災保険とはどのようなものか
2. 工事の開始にあたって行う手続等
3. 工事追加時
4. 工事終了時
5. 労働災害発生時（詳細は第３章参照）

1. 労災保険とはどのようなものか

Q1

労災保険とはどのようなものでしょうか？

Answer.

労働者が仕事が原因で負傷したり疾病にかかった場合に、政府が給付する保険制度です。

労災保険は、正式には労働者災害補償保険といい、労働者災害補償保険法（労災保険法）により、「業務上の事由又は通勤による労働者の負傷、疾病、障害、死亡等に対して迅速かつ公正な保護をするため、必要な保険給付を行い、あわせて、業務上の事由又は通勤により負傷し、又は疾病にかかつた労働者の社会復帰の促進、当該労働者及びその遺族の援護、労働者の安全及び衛生の確保等を図り、もつて労働者の福祉の増進に寄与すること」を目的としています（労災保険法第１条）。

つまり、仕事が原因の場合と職場と住居との往復の間における負傷、疾病、傷害、死亡等について補償する保険制度で、国（厚生労働省）が所管しています。

Q2

労働基準法との関係はどのようになるのでしょうか？

Answer.

労働基準法と共同して被災労働者を保護するものです。

労働基準法第８章（第75条から第88条）において、使用者の労災補償義務が定められており、使用者に落ち度がなくても一定の補償を行うべき旨定められています。しかし、そのままでは補償が十分に行われないおそれがあるため、国が運営しているものです。

というのは、使用者の責任のみを定めただけでは、死亡災害や複数の労働者が被災する災害が発生した場合、中小規模事業主だとその補償だけで倒産してしまい、その後補償が行えない場合が生じます。これでは、被災者の保護も不十分となります。

そこで、国が運営する保険制度として労働者を使用するすべての事業主から保険料を徴収することにより、事業主の倒産を防ぎつつ、労働者の補償が途切れないようにしているものです。

2. 工事の開始にあたって行う手続等

Q3

建設工事を開始する時、労災保険の手続をしなくても自動的に労災保険に加入していることになるとききました。加入手続との関係は、どうなるのでしょうか？

Answer.

加入手続はしなければなりません。

基本的には事業開始と同時に加入していることになるのですが、労災保険関係成立に関する手続を怠るとペナルティが科されることがあります。

労災保険関係の成立（加入）と消滅（終了）については、「労働保険の保険料の徴収等に関する法律」（徴収法）に定められています。

同法第３条では、「労災保険法第３条第１項の適用事業の事業主については、その事業が開始された日に、その事業につき労災保険に係る労働保険の保険関係（以下「保険関係」という。）が成立する。」と定めています。建設工事現場において「その事業が開始された日」とは、建設工事を開始した日ということになります。

そのため、手続の書類である「労災保険関係成立届」（労働保険の保険料の徴収等に関する法律施行規則（徴収則）様式第１号）を所轄労働基準監督署長に提出していなくても、災害が発生した場合には、被災者は給付を受けることができます。

しかしながら、労災保険は、保険料を前払いする制度ですから、きちんと手続をしている事業主とそうでない事業主との不公平をなくすため、労災保険関係成立届を提出する前に災害が発生した場合には、労災補償給付をした後、事業主に対して労災保険給付に要した費用の全部または一部を費用徴収（一種の弁償）することとされています（Q4を参照してください。）。

Q 4

「労災保険法第３条第１項の適用事業」とは、どのようなものでしょうか？

Answer.

労災保険法の適用を受ける事業という意味です。

「労働者を使用する事業」をいいます。労働者とは、労働基準法第９条に定める労働者のことです。同条では、「この法律で「労働者」とは、職業の種類を問わず、事業又は事務所（以下「事業」という。）に使用される者で、賃金を支払われる者をいう。」と規定しています。

ただし、国の直営事業および官公署の事業については、労災保険法は、適用しないこととされています（労災保険法第３条第２項）。

なお、国の直営事業および官公署の事業であっても現業に当たるもの（労働基準法別表第一に掲げる事業）については、労災保険法によることとされています（同項かっこ書き）。

Q 5

労災保険関係成立届は、どのように提出するのでしょうか？

Answer.

建設工事開始後10日以内に、当該工事の元方事業者（元請）が、その工事現場全体を一括して工事現場の所在地を管轄する労働基準監督署長（所轄労働基準監督署長）に手続をします。

具体的には、まず、所轄労働基準監督署長に労災保険関係成立届を提出します。次に、工事開始後50日以内に「労働保険概算保険料申告書」（徴収則様式第６号）を提出して保険料を納付します。

保険料の納付は、所轄労働基準監督署、都道府県労働局の総務部適用徴収部門または日本銀行の代理店です。

なお、成立届と申告書の提出期日に差が設けられているのは、成立届の提出により労災保険番号が労働基準監督署長から振り出されます。保険料の申告書には、この労災保険番号を記載しなければならないのですが、成立届提出後振り出されるまでに労基署で日数が必要だからです。

Q6

労災保険の手続が遅れている最中に労災事故が発生した場合、費用徴収がされると聞きました。どのような制度でしょうか？

Answer.

事業主に一定の落ち度が認められた場合、労災保険給付の一部または全部を都道府県労働局長に返還する制度です。一種のペナルティです。

費用徴収制度とは、事業主が労災保険に係る保険関係成立の手続（以下「加入手続」といいます。）を行わない期間中に労災事故が発生した場合に、被災労働者に支給した保険給付額の全部または一部を、事業主から徴収する制度であり、未手続事業主の注意を喚起し労災保険の適用促進を図ることを目的として1987年に創設されました。

労災保険は、事業の開始と同時にいわば自動的に政府（労基署）との間で保険関係が成立するのですが、成立の日から10日以内に加入手続をしなければならないこととされており（徴収法第4条の2、徴収則第4条）、その手続を行わないままだと、労災保険料の未納が生じたりして適正な手続を取っている事業主との間で不公平となります。

そのために費用徴収制度ができたわけですが、その後、2004年3月、「規制改革・民間開放推進3か年計画」において、未手続事業主の一掃に向けた措置として、費用徴収制度のより積極的な運用を図ることが閣議決定されました。その結果、費用徴収制度が強化され以下のとおりとなりました。

1 加入手続について行政機関からの指導等を受けたにもかかわらず、事業主がこれを行わない期間中に労災事故が発生した場合、以前の取扱いでは「故意または重大な過失により手続を行わないもの」と認定して保険給付額の40%を徴収していたが、「故意に手続を行わないもの」と認定して保険給付額の100％を徴収する。
2 加入手続について行政機関からの指導等を受けていないが、事業主が事業開始の日から1年を経過してなお加入手続を行わない期間中に労災事故が発生した場合、「重大な過失により手続を行わないもの」と認定して費用徴収の対象とし保険給付額の40％を徴収する。

保険給付額とは、治療費等ですが、傷病の内容によっては相当高額の医療費が掛かる場合もありますから、徴収される額もかなりの高額となることがありますので、手続漏れのないようにしたいものです。

なお、法令違反が原因で発生した労働災害も費用徴収の対象とされています（P131参照）。

Q7

工事現場では、労災保険関係成立票を掲示しなければならないと聞きましたが、これは法律上の義務でしょうか？

Answer.

法律上の義務です。

徴収則第77条では、「労災保険に係る保険関係が成立している事業のうち建設の事業に係る事業主は、労災保険関係成立票（徴収則様式第25号）を見易い場所に掲げなければならない。」と定めています。

掲示すべき内容は、次の項目です。

・保険関係成立年月日
・労働保険番号
・事業の期間
・事業主の住所氏名
・注文者の氏名
・事業主代理人の氏名

このほか、「建設業の許可票」と「建築基準法による確認済」の掲示が建設業法等により義務づけられています。

<table>
<tr><th colspan="15">労災保険関係成立票</th></tr>
<tr><td>保険関係成立年月日</td><td colspan="14">〇〇年〇〇月〇〇日</td></tr>
<tr><td rowspan="2">労働保険番号</td><td colspan="2">府県</td><td>所掌</td><td colspan="2">管 轄</td><td colspan="6">基 幹 番 号</td><td colspan="3">枝番号</td></tr>
<tr><td>1</td><td>3</td><td>1</td><td>0</td><td>1</td><td>8</td><td>7</td><td>6</td><td>5</td><td>4</td><td>3</td><td>0</td><td>1</td><td>2</td></tr>
<tr><td>事業の期間</td><td colspan="14">自 〇〇年〇〇月〇〇日
至 〇〇年〇〇月〇〇日</td></tr>
<tr><td>事業主の住所氏名</td><td colspan="14">東京都千代田区神保町１－２－３
神田建設株式会社</td></tr>
<tr><td>注文者の氏名</td><td colspan="14">社団法人 建設労働問題研究所</td></tr>
<tr><td>事業主代理人の氏名</td><td colspan="14">大 蔵 義 友</td></tr>
</table>

Column

労働災害とは

世間一般で「労災になる」、「労災にならない」ということがいわれます。労災とは、労働災害の略ですが、労働者災害補償保険法を略して労災保険法ともいいますので、両方の意味で使われていることが多いものです。

いずれにせよ、労働災害に該当するものが業務上災害となり、労災保険法の補償対象となります。では、「労働災害」とは何でしょうか。

安衛法第２条では、労働災害を「労働者の就業に係る建設物、設備、原材料、ガス、蒸気、粉じん等により、又は作業行動その他業務に起因して、労働者が負傷し、疾病にかかり、又は死亡することをいう。」と定めています。

現場で事故等により怪我をし、あるいは土砂崩壊等で死亡することは当然労働災害です。また、疾病にかかる例としては、石綿を吸い込んだことにより中皮腫等になることも労働災害です。

近年では、過重労働による健康障害として、脳血管疾患または虚血性心臓疾患（過労死等）も一定の要件を満たせば労働災害として扱われます。また、精神疾患（自殺等）もその発症原因として仕事が主たる要因であるならば、労働災害に該当することとなります。

なお、詳細は後述しますが、建設業附属寄宿舎内で発生した食中毒そのほかの災害は、通っていた現場の労働災害に該当することがあります（P65参照）。

労災保険の加入手続をすると、労働保険番号が振り出されます。この番号には何か意味があるのでしょうか？

Answer.

所轄労働基準監督署の局署が特定され、労災保険の加入区分等が示されているものです。

労働保険番号は、労基署で振り出されますが、次のような意味があります。

	府県	所掌	管轄	基幹番号	枝番号
労働保険番号					

1　府県

最初の2桁は所轄都道府県労働局名を表します。01が北海道、13が東京といった具合で次の表のようになっています。

01	北海道	11	埼玉	21	岐阜	31	鳥取	41	佐賀
02	青森	12	千葉	22	静岡	32	島根	42	長崎
03	岩手	13	東京	23	愛知	33	岡山	43	熊本
04	宮城	14	神奈川	24	三重	34	広島	44	大分
05	秋田	15	新潟	25	滋賀	35	山口	45	宮崎
06	山形	16	富山	26	京都	36	徳島	46	鹿児島
07	福島	17	石川	27	大阪	37	香川	47	沖縄
08	茨城	18	福井	28	兵庫	38	愛媛		
09	栃木	19	山梨	29	奈良	39	高知		
10	群馬	20	長野	30	和歌山	40	福岡		

2　所掌

基本的に建設業は必ず「1」です。そのほかには、「3」があります。1は労基署が、3は職安が所掌していることを意味します。

3　管轄

これは、労基署の番号です。たとえば、東京労働局では、01 が中央署、03 が上野署です。

4　基幹番号

これは、その管轄労基署における元請建設会社の番号です。同じ建設会社であっても署ごとにこの番号は違います。単独有期工事の場合には 8 から、一括有期工事の場合には 6 から始まります。一括有期工事であって事務組合に委託している場合には、9 から始まり末尾は 5 になります。

5　枝番号

単独有期工事の場合、その元請である建設会社の、当該労基署における何番目の工事であるかを表します。001 から始まり、999 まで使い切ると基幹番号が新しくなります。

事務組合に委託している場合には、当該事務組合が受託している建設会社の番号となります。この場合、府県番号は事務組合の都道府県番号となるため、工事現場の所在地と異なることがあります。

Q9

労災保険における継続事業と有期事業について教えてください。

Answer.

労災保険に加入している事業の区分を示しています。

事業終了の時期が予定されていないものが継続事業で、終了が予定されているものが有期事業です。

一般の事業は、工場であっても商店や飲食店、あるいは病院等であっても、その終了の時期は予定されていません。事業の廃止（廃業）または倒産等にならない限り事業は続けられます。これが継続事業です。

これに対し、建設工事が典型ですが、その終了の時期（工期）が予定されているものが有期事業です。建設工事以外では、林業のうち立木伐採の事業や一部の漁業等がこれにあたります。

建設工事は有期事業のため、労災保険に加入する手続が継続事業の場合と異なります。原則として、当該工事が行われる場所を管轄する労基署において手続をします。

なお、有期事業には、単独有期事業と一括有期事業とがあります。詳細は、Q10を参照してください。

Q10

建設工事の労災保険では、単独有期事業と一括有期事業とがあるそうですが、その違いは何でしょうか？

Answer.

工事の請負金額または確定保険料の額の大小によるものです。

労災保険料の概算見込額が160万円（または確定保険料100万円）未満で、かつ、請負金額が消費税を除き1億8千万円未満では一括有期事業として取り扱われます（徴収則第6条第1項）。この場合、一定の条件の下にそれらの工事を取りまとめて一つの保険関係で処理することとされています（徴収法第7条）。

取りまとめることのできる要件は、次のとおりです（徴収則第6条第2項）。

1 それぞれの事業が、労災保険に係る保険関係が成立している事業のうち、土木、建築その他の工作物の建設、改造、保存、修理、変更、破壊若しくは解体若しくはその準備の事業（以下「建設の事業」という。）であること。
2 それぞれの事業が、事業の種類を同じくすること。
3 それぞれの事業に係る労働保険料の納付の事務が一の事務所で取り扱われること。
4 厚生労働大臣が指定する種類の事業以外の事業にあっては、それぞれの事業が、前号の事務所の所在地を管轄する都道府県労働局の管轄区域又はこれと隣接する都道府県労働局の管轄区域（厚生労働大臣が指定する都道府県労働局の管轄区域を含む。）内で行われること。

労災保険料（保険率）は、建設工事の区分により請負金額が同じでも保険料が異なります。具体的には、P27の表をご覧ください（2018年4月1日改定）。

一括有期事業に該当しないものは、単独有期事業といい、工事ごとにその工事現場の所在地を管轄する労基署で保険関係を成立させることとなります。そして、工事終了の都度、保険料の精算を行います。

また、単独有期事業は、その工事単独でメリット制（P177参照）の対象となるほか、厚生労働省労働基準局長名による全工期無災害表彰（P178参照）の対象となります。

これに対し、一括有期事業の場合には、工事開始の都度、その開始の日の属する月の翌月10日までに、「一括有期事業開始届」（徴収則様式第3号）を所轄労基署長に提出しなければなりません（徴収則第6条第3項）。

また、継続事業（P10参照）と同様に毎年7月10日までに年度更新手続をしなければなりません。すなわち、新年度の概算保険料の申告・納付と、前年度の保険料を精算するための確定保険料の申告・納付手続をしなければなりません。その際、「一括有期事業報告書」（徴収則様式第7号）に「一括有期事業総括表」も併せて提出することとされています（徴収則第34条）。

一括有期事業は、工事現場の所在地にかかわらず、当該元請の店社（本社または支店）の所在地を管轄する労基署で保険関係を成立させます。事務組合に委託することも可能です。

なお、一括有期事業であってもメリット制の適用を受けることができる場合があります。

Q11

労災保険等において「事務組合」という言葉を聞きますが、どのような意味でしょうか？

Answer.

正式には「労働保険事務組合」といい、労働保険（労災保険・雇用保険）への加入手続や保険料の納付手続、雇用保険の被保険者に関する手続などの労働保険事務の処理を、事業主に代わって行うものです。

労働保険の事務処理は、専門の担当者を置くことのできない中小事業の事業主にとっては、大きな負担となることが少なくありません。このような事業主の事務負担を軽減するため、中小事業の事業主を構成員とする事業協同組合、商工会などの事業主の団体等が、事業主に代わって労働保険の事務処理を行うもので、これを事務組合といいます。都道府県労働局長の設立認可が必要です。

元請工事を行う建設会社であっても、労働保険専門の担当者を置くことができない場合には、事務組合にその事務を委託するとよいでしょう。木造家屋等の小規模住宅建設工事については、建築職組合が事務組合を併設していることが多いものです。

事務組合は、単に労災保険への加入手続をするのみならず、新規工事の都度労基署に提出する一括有期事業開始届の作成などの事務も行います。また、労災事故が発生した場合における各種手続を委託することもできます。

Q12

労災保険には「一元適用事業」と「二元適用事業」があると聞きましたが、その違いはどのようなことでしょうか？

Answer.

一緒に雇用保険にも加入しているかどうかです。

建設事業は一般に二元適用事業です。

労働保険には、労災保険と雇用保険があります。これを両方一括して保険関係を成立させる（加入手続を行う）ものを一元適用事業といい、一般産業はこれが主です。

しかしながら、建設事業は、複雑な下請関係があり、労災保険は元請が現場全体を一括して掛けますので、下請は原則として労災保険を掛けません。反面、雇用保険は元請と各下請それぞれが個別に掛けることとなりますので、扱いを分けているわけです。この分けているものを二元適用事業と呼んでいるのです。

なお、建設業の下請であって、もっぱら下請としての事業のみを行っている場合には、雇用保険だけを掛ければよく労災保険は掛ける必要がないわけですが、事務員や営業部員、あるいは事業附属寄宿舎の賄人等がいる場合には、その人たちは現場の労災保険の適用を受けませんので、別途独自に労災保険を掛ける必要があります。その結果、その人たちについてだけは一元適用事業となるものです。

Q13

労災保険料の申告書に「一般拠出金」という欄がありますが、どのようなものでしょうか？

Answer.

石綿被害に対する補償金の元となるもので、すべての事業主から徴収されるものです。

石綿による健康被害で、労災保険に該当するもの以外のもの、つまり、一般国民の石綿による健康被害に対する補償の原資となるお金です。

2005年の(株)クボタの発表がきっかけとなり、石綿健康被害救済法が施行されました。これにより、労災保険の適用がない一般市民であっても、石綿による健康被害が発生した場合には、国の費用負担で治療その他が行われることとなりました。

その結果、労災保険の適用がない一般市民に発症した石綿による健康被害については、独立行政法人環境再生保全機構が補償することとなりました。その原資として、業種を問わず、すべての事業主から広く薄く費用を徴収する制度となりました。

同機構には金銭を徴収するための全国的な組織がないため、労災保険制度を利用してその費用を集めることとなったものです。労基署で集められた一般拠出金は、その徴収に必要な費用分を厚生労働省が控除した後同機構に納められ、広く国民全般に生じた石綿健康被害の補償に使われています。

料率は、業種を問わずすべての事業で同一であり、賃金総額の1,000分の0.02ですから、支払賃金総額1,000万円に対して200円となります。

Q14

先日、当社が元請で施工する工事現場に労基署の立入調査が入り、「特定元方事業開始報告」を提出していないということで、違反の指摘を受けました。「特定元方事業開始報告」とは、どのようなものでしょうか？

Answer.

建設工事を始めた旨の元請から労基署への報告です。

安衛法第100条第1項では、「厚生労働大臣、都道府県労働局長又は労働基準監督署長は、この法律を施行するため必要があると認めるときは、厚生労働省令で定めるところにより、事業者、労働者、機械等貸与者、建築物貸与者又はコンサルタントに対し、必要な事項を報告させ、又は出頭を命ずることができる。」と定めています。

これを受けて安衛則第664条第1項では、次のように定めています。

特定元方事業者は、その労働者及び関係請負人の労働者の作業が同一の場所において行われるときは、当該作業の開始後、遅滞なく、次の事項を当該場所を管轄する労働基準監督署長に報告しなければならない。

一　事業の種類並びに当該事業場の名称及び所在地

二　関係請負人の事業の種類並びに当該事業場の名称及び所在地

三　法第15条の規定により統括安全衛生責任者を選任しなければならないときは、その旨及び統括安全衛生責任者の氏名

四　法第15条の2の規定により元方安全衛生管理者を選任しなければならないときは、その旨及び元方安全衛生管理者の氏名

五　法第15条の3の規定により店社安全衛生管理者を選任しなければならないときは、その旨及び店社安全衛生管理者の氏名（第18条の6第2項の事業者にあっては、統括安全衛生責任者の職務を行う者及び元方安全衛生管理者の職務を行う者の氏名）

この規定では、工事の規模を限定していませんので、下請を使う建設工事を開始する際には、その工事の規模にかかわらず、元請は上記事項を「特定元方事業開始報告」として所轄労基署に提出しなければなりません。ただし、行政運用上の解釈として、常時使用する労働者数（下請を含む）

が10名未満の場合は提出しなくてもよい（昭和42.4.4基収第1231号通達）こととされています。

なお、たとえば神奈川労働局では、この提出の際に添付書類として「作業所安全衛生管理計画」を求めていますので、これを添付する必要があります。

Q15

当社がスポンサーで、サブに地元のA社とB社を加えた3社で共同企業体（JV）を組んで建設工事を行うこととなりました。必要な手続を教えてください。

Answer.

まず、代表者を選出し、都道府県労働局長に届け出る手続があります。

「特定元方事業開始報告」と「共同企業体代表者（変更）届」を所轄労基署長に提出し、共同企業体名で労災保険関係成立の手続を取ってください。

共同企業体は、ジョイントベンチャーともいい、複数の企業が共同して工事を施工するものです。

安衛法では、「共同企業体代表者（変更）届」を所轄労基署長を経由して都道府県労働局長に提出することを条件に、代表者である1社のみを当該工事の「事業者」として各種措置義務を負わせると共に、手続上の責任も負わせることとしています（労基法関係を除く）。

共同企業体を構成する企業は、それぞれの出資比率がまちまちですが、仮に2社で50、50の比率であった場合、いずれかを代表者として届出しなければなりません。業者間で代表者が決められない場合には、発注者による指名、それができない場合には都道府県労働局長の指名となります。

労災保険では、共同企業体名と代表者1社の社長印で、保険関係成立手続をはじめとする各種手続を行います。これにより、毎回3社の社長印を押す必要がなくなるものです。

特定元方事業者等の事業開始報告

（安衛則 664 条による）

<table>
<tr><td rowspan="9">元方事業者</td><td>事業の種類</td><td>事業場の名称</td><td colspan="2">事業場の所在地</td><td>常時使用労働者数</td></tr>
<tr><td>建築工事業</td><td>本牧第 3 計画（高層住宅及び商業施設新築工事）</td><td colspan="2">横浜市中区本牧○○○地先　電話（045-987-1234）</td><td>約300名</td></tr>
<tr><td rowspan="2">事業の概要</td><td rowspan="2">高層住宅 5 棟と複合商業施設の新築工事</td><td>工　期</td><td colspan="2">○○○○ 年 ○○ 月 ○○ 日～ ○○○○ 年 ○○ 月 ○○ 日</td></tr>
<tr><td>発注者名</td><td colspan="2">株式会社○○不動産</td></tr>
<tr><td colspan="5">統括安全衛生責任者の選任年月日</td></tr>
<tr><td>職　氏　名</td><td>現場所長　大泉太一
○○○○ 年 ○○ 月 ○○ 日生</td><td>選任年月日</td><td colspan="2">○○○○年 ○○ 月 ○○ 日</td></tr>
<tr><td colspan="5">元方安全衛生管理者の選任年月日</td></tr>
<tr><td>職　氏　名</td><td>工事課長　山下和博
○○○○ 年 ○○ 月 ○○ 日生</td><td>選任年月日</td><td colspan="2">○○○○年 ○○ 月 ○○ 日</td></tr>
</table>

<table>
<tr><td rowspan="10">関係請負人</td><td>事業の種類</td><td>名　称</td><td>主たる事業所の所在地</td><td>工　期</td></tr>
<tr><td>基礎工事</td><td>高山基礎　株式会社</td><td>横浜市鶴見区下末吉○-○-○</td><td>○○○○.○○.○○~○○○○.○○.○○</td></tr>
<tr><td>杭工事</td><td>足立土木　株式会社</td><td>川崎市高津区末長○-○○-○○</td><td>〃</td></tr>
<tr><td>鉄骨組立</td><td>戸井鉄工　株式会社</td><td>横浜市戸塚区戸塚○○-○○-○○</td><td>○○○○.○○.○○~○○○○.○○.○○</td></tr>
<tr><td>以下</td><td>未定</td><td></td><td></td></tr>
<tr><td></td><td></td><td></td><td></td></tr>
<tr><td></td><td></td><td></td><td></td></tr>
<tr><td></td><td></td><td></td><td></td></tr>
<tr><td></td><td></td><td></td><td></td></tr>
<tr><td></td><td></td><td></td><td></td></tr>
<tr><td>備考</td><td colspan="4"></td></tr>
</table>

○○○○ 年　○○ 月　○○ 日

横浜南労働基準監督署長　殿

特定元方事業者 職氏名　大島建設株式会社　代表取締役　大島将久　㊞

作業所安全衛生管理計画書

記載例

安全管理体制（組織図）
本社
作業所長
協力会社
職長
作業員

工事の名称　本牧第3計画（高層住宅及び商業施設新築工事）

常駐担当者職名　現場所長　山本徳次

元請・下請

作業所毎に提出し、下記の注意事項参照のこと

重点項目	①安全衛生管理体制の確立	②安全衛生教育の実施	③墜落災害の防止
実施項目	工期内の安全衛生管理計画の確立	入場時教育の随時実施	安全施工サイクルの徹底
	安全衛生協議会の定例開催	職長教育の実施	職長打ち合わせの実施
	作業所長による週一回のパトロール		始業前点検の実施
重点項目	④協力業者への指示事項	⑤重機災害の防止	⑥崩壊・倒壊災害の防止
実施項目	工期内の安全衛生管理計画の確立	安全施工サイクルの徹底	
	安全衛生協議会の定例開催	職長打ち合わせの実施	
	安全当番による週一回のパトロール	始業前点検の実施	

工期（　　年　月～　　年　月）					
月／工程	6/1	9/1	10/5	11/5	12/5
造成工事					
基礎工事					
架設工事					
建方工事					
内外装工事					
外構工事					
重点項目	①②④⑤⑥	①②③④	①②③④	①②③④	①②③④ ／ ①④⑤

重点項目に関する活動	
実施内容	活動予定日程
入場時教育	工事期間中随時
安全工程会議	毎日の（朝礼）職長及び責任者
安全パトロール	毎週　10：00～
安全衛生協議会	毎月　第4木曜日
作業指示安全指示	毎日　8:00～8:15

その他の日常活動	
実施内容	活動予定日程
朝礼、体操	毎日　8:00～8:15
作業機械開始前点検	工事期間中随時
安全行程会議	毎日の（朝礼）職長及び責任者
TBM	毎日　8:00～8:15
作業終了時片付け	毎日　16:45～17:00

使用機械等の点検		特殊検診				作業環境測定	
名称	実施年月	対象業務		就労者数	実施年月日	対象作業	実施年月
移動式クレーン	持込時・始業時	じん肺					
バックホウ	持込時・始業時	有機溶剤		該当なし			
ポンプ車	持込時・始業時	特化物等（石綿）		該当なし			
溶接機	持込時・始業時	振動障害		該当なし			
電動工具	持込時・始業時	その他（		該当なし			
		その他（		該当なし			
その他							

〇〇〇〇年〇〇月〇〇日

注）1　元請・下請は、該当するものを〇印で囲むこと。
2　元方事業者は本計画書を作成し、「特定元方事業者の事業開始届」に添付して所轄の労働基準監督署に提出すること。
3　工事が数字の請負契約によって行われる場合の下請業者は上位の元請に書類を提出し、上位元請は整理・保管すること。
4　工期表中の重点項目には、重点項目・実施項目の番号を記入すること。
5　後期欄は、工程順に記入すること。

現場代理人職氏名　　　　　印
現場所長　山本徳次

様式第6号（第24条、第25条、第33条関係）（乙）（1）（表面）

労働保険 概算・増加概算・確定保険料 申告書
石綿健康被害救済法 一般拠出金

下記のとおり申告します。

有期事業（一括有期事業を除く。）
年　月　日

標準字体 0 1 2 3 4 5 6 7 8 9

第3片「記入に当たっての注意事項」をよく読んでから記入して下さい。OCR枠への記入は上記の「標準字体」でお願いします。

種別 32702　※修正項目番号

労働保険特別会計歳入徴収官殿

※各種区分	
保険関係等区分	業種
731	道路新設事業

提出用

（なるべく折り曲げないようにし、やむをえない場合には折り曲げマーク▶の所で折り曲げて下さい。）

①労働保険番号（都道府県・所掌・管轄(1)・基幹番号・枝番号）	131　876543－089
㉝法人番号	
②保険関係成立年月日	○○○○年○○月○○日
③常時使用労働者数	32人
④事業又は作業の種類	首都高速道路○○号線 ○○○○年度その２工事
	道路新設事業
⑤増加年月日（元号：平成は7）	7－○○－○○－○○
⑥事業終了（予定）年月日（元号：平成は7）	7－○○－○○－○○
⑦賃金総額の算出方法	（イ）支払賃金　（ロ）労務費率又は労務費の額（○印）　（ハ）平均賃金

賃金総額の特例（⑦の（ロ））による場合

⑧請負金額の内訳	(イ)請負代金の額	(ロ)請負代金に加算する額	(ハ)請負代金から控除する額	(ニ)請負金額((イ)＋(ロ)－(ハ))	⑨素材の(見込)生産量	⑩労務費率又は労務費の額
	42億5千万円	○○円	○○円	○億○○万円	立方メートル	19％

確定保険料

⑪算定期間	○○年○○月○○日から○○年○○月○○日まで
⑫保険料率	1000分の11
⑬保険料算定基礎額	237,500千円
⑭確定保険料額（⑬×⑫）	2612500円
⑮申告済概算保険料額	0円
⑯差引額（イ）充当額（⑮－⑭）	円
⑯差引額（ロ）還付額（⑮－⑭）	円
⑯差引額（ハ）不足額（⑭－⑮）	円
㉜充当意思	㉜欄の一般拠出金に充当する場合は２を記入

一般拠出金（注）

㉙一般拠出金算定基礎額	㉚一般拠出金率	㉛一般拠出金（㉙×㉚）
2,612.5千円	1000分の0.02	52250円

（注）石綿による健康被害の救済に関する法律第３５条第１項に基づき、労災保険適用事業主から徴収する一般拠出金

増加概算保険料

⑰算定期間	年　月　日から　年　月　日まで
⑱保険料率	1000分の
⑲保険料算定基礎額又は増加後の保険料算定基礎額の見込額	千円
⑳概算保険料額又は増加後の概算保険料額（⑲×⑱）	円
㉑申告済概算保険料額	円
㉒差引納付額（⑳－㉑）	円
㉓延納の申請	納付回数

※有期メリット識別コード　※データ指示コード　※再入力区分

㉔概算保険料又は増加概算保険料の期別納付額	
第１期（初期）	円
第２期以降	円

※修正項目（英数・カナ）

㉕今期納付額	
（イ）概算保険料又は増加概算保険料	2,612,500円
（ロ）確定保険料	円
（ハ）一般拠出金	52,250円

⑭⑯の（ロ）、⑳㉛欄の金額の前に「￥」記号を付さないで下さい
㉕の（ハ）、㉙㉚㉛㉜欄は事業開始が平成19年4月1日以降の場合に記入して下さい

㉖発注者（立木の伐採の事業の場合は立木所有者等）の住所又は所在地及び氏名又は名称		
住所又は所在地		郵便番号
氏名又は名称		電話番号

㉗事業	
所在地	東京都千代田区丸の内１丁目○－○○
名称	首都高速道路○○号線 ○○○○年度その２工事

㉘事業主		
（イ）住所（法人のときは主たる事務所の所在地）	千代田区丸の内1－○－○○ 山下ビル内	郵便番号 100-0005
（ロ）名称	松田工業株式会社	電話番号
（ハ）氏名（法人のときは代表者の氏名）	代表取締役　松田孝治	記名押印又は署名 ㊞

様式第1号(第1条関係)

共同企業体代表者（変更）届

事業の種類	※共同企業体の名称	※　共同企業体の主たる事務所の所在地及び仕事を行う場所の地名番地	
建築工事業	大石・山田共同企業体	東京都大田区羽田1-2-3 電話（　8735　）1234	
発注者名	大森不動産株式会社	工事請負金額	83億2千万円
工事の概要	集合住宅5棟の建替	工事の開始及び終了予定年月日	○○○○年○○月○○日～○○○○年○○月○○日
※代表者職氏名	新　大石建設株式会社 旧（変更の場合のみ記入）代表取締役　大石主税		※　変更の年月日
※変更の理由			
仕事を開始するまでの連絡先	東京都品川区東大井○-○○-○○ 電話（　7564　）9871		

※　○○○○年 ○○ 月 ○○ 日

東京　労働局長殿

※ 共同事業体を構成する事業者　職　氏名
大石建設株式会社　代表取締役　大石主税　㊞
山田工業株式会社　代表取締役社長　山田太郎　㊞

備考
1. 共同企業体代表者届にあっては、表題の（変更）の部分を抹消し、共同企業体代表者変更届にあっては、※印を付してある項目のみ記入すること。
2. 「事業の種類」の欄には、次の区分により記入すること。
水力発電所建設工事　ずい道建設工事　地下鉄建設工事　鉄道軌道建設工事　橋梁建設工事　道路建設工事　河川土木工事　砂防工事　土地整理土木工事　その他の土木工事　鉄骨鉄筋コンクリート造家屋建築工事　鉄骨造家屋建築工事　その他の建築工事又は設備工事
3. この届は、仕事を行う場所を管轄する労働基準監督署長に提出すること。
4. 氏名を記載し、押印することに代えて、署名することができる。

Q16

一括有期事業開始届とは何ですか？　提出しなかった場合、不利益がありますか？

Answer.

小規模の建設工事を複数行う場合の手続の一つです。

一括有期事業開始届（徴収則様式第３号）とは、建設工事であって、労災保険料の概算見込額が160万円未満であって、かつ、請負金額（消費税相当額を除く。）が１億８千万円未満の工事を開始する際に、所轄労基署に提出する書類です。提出期限は、当該工事開始の日の属する月の翌月10日までです（徴収則第６条第３項）。

この報告書を提出しなかった場合ですが、そのこと自体には罰則等はありません。しかしながら、未提出の結果としてその工事に関する保険料を納入しないで済ませることとなれば、保険料の過少申告となりますから、発覚すれば課徴金が課されることとなります。また、企業がそのような体質であると労基署に見られると、毎年のように、保険料の計算についての立入調査を受けることにもなりかねません。

様式第3号(第6条関係)(甲)

労働保険
一括有期事業開始届（建設の事業）

事業主控

労働保険番号	府県	所掌	管轄	基幹番号	枝番号
	13	3	01	608512	

報告期限　翌月10日まで　　1枚のうち　1枚目

事業番号	事業の名称	事業場の所在地	事業予定期間	発注者の氏名又は名称及び住所	請負金額
83	築地地先道路補修工事	東京都中央区築地○-○○-○○	○○年○○月○○日から ○○年○○月○○日まで	中央区役所様	1億2千万円
84	石川八郎様邸改修工事	東京都千代田区神田駿河台○-○○-○○	○○年○○月○○日から ○○年○○月○○日まで	石川八郎様	6千400万
			年　月　日から 年　月　日まで		
			年　月　日から 年　月　日まで		
			年　月　日から 年　月　日まで		

上記のとおり　8　月中の事業開始状況を届けます。

郵便番号（102 － 0083）
電話番号（03 － 4321－9876）

○○○○年　○○月　○○日

事業主
住所　千代田区麹町3-5
氏名　飯田建設株式会社
代表取締役　荒井十三　㊞
記名押印又は署名
（法人のときはその名称及び代表者の氏名）

中央　　労働基準監督署長　殿

社会保険労務士記載欄	作成年月日・提出代行者・事務代理者の表示	氏名	電話番号
		㊞	

［注意］
1．事業番号は、事業の名称に係る請負工事台帳に基づく整理番号を記載すること。
2．社会保険労務士記載欄は、この届出書を社会保険労務士が作成した場合のみ記載すること。

(21.2)

Column

労災保険を国が行っているのはなぜ？

「労災」とは「労働災害」の略称です。労災事故等が発生した場合、労基法では使用者（事業主）が負う労災補償責任について定めています（第75条以下）。これは無過失責任であり、事業主に落ち度がなくても補償をしなければなりません。

しかしながら、そのまま事業主の責任としているだけですと、財務基盤の脆弱な中小企業等では、死亡災害等の重大な災害が発生した場合に、その補償負担が大きすぎて企業経営が立ちゆかなくなることがあります。

そうなると、被災者あるいはその遺族にとっても、以後の補償を受けられないということにつながります。

そこで、国（厚生労働省）が直轄する保険制度として労災保険制度を創設し、広く全国の事業主から保険料を徴収することにより、負担の公平と被災者への確実な補償を実現しているものです。ILO条約においても「業務災害給付に関する国の法令」として定められています。

また、労災保険料（保険率）についても、3年ごとに見直しをし、業種全体での労働災害発生状況に応じた加減をしつつ、業種ごとの差を設けています。

さらにいえば、労災保険を民間に委託すると、ほかの損害保険と同様に収益重視となり、労働者保護の理念が薄れることとなりかねません。となれば、不支給決定が増えるおそれがあります。そのようなことから、厚生労働省は労災保険の国営にこだわっているものです。

労災事故が最も多かった昭和30年代後半に比べて労働災害が相当減少したことから、労災保険給付の内容が拡充され、通勤災害、特別支給金、労災修学援護費、アフターケア、二次健康診断等給付、未払賃金の立替払等が行われるようになりました。

なお、第5章で見るように、労災補償だけでは済まない時代となっていますから、できれば上積保険にも加入しておくことが望まれます。

Q17

当社では、工事現場内に現場事務所が設けられず、マンションの一室を借りたところそこは別の労基署の管轄でした。このような場合、労災保険の手続は、現場のある場所の労基署でしょうか、それとも事務所のある場所の労基署でしょうか？

Answer.

原則として現場事務所の所在地となります。

建設工事現場は、橋梁の工事やずい道工事のように、行政区画をまたいで施工されるものがあります。また、現場と現場事務所が離れていて、管轄する労基署が異なることもあります。

工事現場では、労災保険の手続以外にも、施工計画の届出をはじめ各種の届出を労基署にしなければならない場合があります。そのような場合には、原則として現場事務所の所在地を管轄する労基署が担当することとされています。

ただし、工事の内容等によっては、双方の労基署が協議をすることもあります。東京湾アクアラインの工事のように、都道府県労働局をまたぐ工事の場合、両局の局長が協定書を交わし、何キロポストで管轄を分ける、といったことを決めています。

そのため、疑問がある場合には、とりあえず事務所所在地の労基署に確認をしてみるとよいでしょう。

なお、ずい道建設工事で、発進たて坑から中間たて坑なしに到達地点まで一気に掘削するものについて、発進たて坑の所在地を管轄する労基署に各種手続をすればよいとされています。

Q18

建設工事の労災保険料の基本的な算出方法を教えてください。

Answer.

請負金額から算出するのが通例です。

労災保険料は、本来、その期間中に支払った賃金総額に対し保険率を掛けて算出します。しかし、建設工事においては、数次の下請関係があり、多数の下請業者が工期の途中で入れ替わることも少なくありません。このため、それぞれの業者の支払った賃金総額を計算することは極めて煩雑です。

そもそも、建設工事の労災保険は元請が一括して掛けることとされており、下請業者の支払った賃金を逐一把握することが困難な状況があることから、原則として請負金額に労務比率を掛け、それに保険率を掛けることとされています。

ところで、工事にあたり注文者（施主）などからその事業に使用する工事用の資材などを支給されたりあるいは機械器具等を貸与されることがあります。その場合には、支給された物の価格相当額または機械器具などの損料相当額を請負金額に加算する必要があります。

しかしながら、「工事用物」の価格は請負代金の額には加算しません。工事用物とは、機械装置の組立てまたは据付けの事業における当該機械装置をいいます。これを算入すると、保険料がその分高額となり、不合理だからです。

建設業における工事用物表

事業の種類	請負代金の額に加算されないもの
機械装置の組立てまたは据付けの事業	機械装置

賃金総額を正確に把握することが困難な場合には、次の計算式で保険料等を算出します。

労働保険料（一般保険料）	＝請負金額×労務比率×労災保険率
一般拠出金	＝請負金額×労務比率×一般拠出金率

労災保険率適用事業細目表は次のとおり事業の種類の内容と範囲が定められています。

一般拠出金率は、業種を問わず一律1,000分の0.05とされています。これは、石綿による健康被害救済（労災保険によるものを除く。）のためのものです。

労災保険率適用事業細目表（建設事業）

事業の種類の番号	事業の種類	事業の種類の細目	備　考	労務比率	労災保険率
31	水力発電施設、ずい道等新設事業	**3101**　水力発電施設新設事業 **3102**　高えん堤新設事業 **3103**　ずい道新設事業		19%	62/1,000
32	道路新設事業	**3201**　道路の新設に関する建設事業及びこれに附帯して行われる事業	(3103) ずい道新設事業及び (35) 建築事業を除く。	19%	11/1,000
33	舗装工事業	**3301**　道路、広場、プラットホーム等のほ装事業 **3302**　砂利散布の事業 **3303**　広場の展圧又は芝張りの事業		17%	9/1,000
34	鉄道又は軌道新設事業	次に掲げる事業及びこれに附帯して行われる事業（建設工事用機械以外の機械の組立て又は据付けの事業を除く。） **3401**　開さく式地下鉄道の新設に関する建設事業 **3402**　その他の鉄道又は軌道の新設に関する建設事業	(3103) ずい道新設事業及び (35) 建築事業を除く。	24%	9/1,000
35	建築事業（(38) 既設建築物設備工事業を除く。）	次に掲げる事業及びこれに附帯して行われる事業（建設工事用機械以外の機械の組立て又は据付けの事業を除く。） **3501**　鉄骨造り又は鉄		23%	9.5/1,000

		骨鉄筋若しくは鉄筋コンクリート造りの家屋の建設事業（(3103)ずい道新設事業の態様をもって行われるものを除く。） **3502** 木造、れんが造り、石造り、ブロック造り等の家屋の建設事業 **3503** 橋りょう建設事業 イ　一般橋りょうの建設事業 ロ　道路又は鉄道の鉄骨鉄筋若しくは鉄筋コンクリート造りの高架橋の建設事業 ハ　跨線道路橋の建設事業 ニ　さん橋の建設事業 **3504** 建築物の新設に伴う設備工事業（(3507) 建築物の新設に伴う電気の設備工事業及び（3715）さく井事業を除く。） イ　電話の設備工事業 ロ　給水、給湯等の設備工事業 ハ　衛生、消火等の設備工事業 ニ　暖房、冷房、換気、乾燥、温湿度調整等の設備工事業 ホ　工作物の塗装工事業 ヘ　その他の設備工事業 **3507** 建築物の新設に伴う電気の設備工事業 **3508** 送電線路又は配電線路の建設（埋設を除く。）の事業 **3505** 工作物の解体、移動、取りはずし又は撤去の事業 **3506** その他の建築事業 イ　野球場、競技場等			

		の鉄骨造り又は鉄骨鉄筋若しくは鉄筋コンクリート造りのスタンドの建設事業 ロ　たい雪覆い、雪止め柵、落石覆い、落石防止柵等の建設事業 ハ　鉄塔又は跨線橋（跨線道路橋を除く。）の建設事業 ニ　煙突、煙道、風洞等の建設事業（(3103)ずい道新設事業の態様をもって行われるものを除く。） ホ　やぐら、鳥居、広告塔、タンク等の建設事業 ヘ　門、塀、柵、庭園等の建設事業 **3506**　その他の建築事業 ト　炉の建設事業 チ　通信線路又は鉄管の建設（埋設を除く。）の事業 リ　信号機の建設事業 ヌ　その他の各種建築事業			
36	機械装置の組立て又は据付けの事業	次に掲げる事業及びこれに附帯して行われる事業 14／1000 **3601**　各種機械装置の組立て又は据付けの事業 **3602**　索道建設事業		38% ※1 21% ※2	6.5/1,000 ※1　組立て又は取付けに関するもの 6.5/1,000 ※2　その他のもの
37	その他の建設事業	次に掲げる事業及びこれに附帯して行われる事業 **3701**　えん堤の建設事業（(3102) 高えん堤新設事業を除く。） **3702**　ずい道の改修、復旧若しくは維持の事業又は推進工法による管の埋設の事業		24%	15/1,000

		((3103) 内面巻替えの事業を除く。) **3703** 道路の改修、復旧又は維持の事業 **3704** 鉄道又は軌道の改修、復旧又は維持の事業 **3705** 河川又はその附属物の改修、復旧又は維持の事業 **3706** 運河若しくは水路又はこれらの附属物の建設事業 **3707** 貯水池、鉱毒沈澱池、プール等の建設事業 **3708** 水門、樋門等の建設事業 **3709** 砂防設備（植林のみによるものを除く。）の建設事業 **3710** 海岸又は港湾における防波堤、岸壁、船だまり場等の建設事業 **3711** 湖沼、河川又は海面の浚渫、干拓又は埋立ての事業 **3712** 開墾、耕地整理又は敷地若しくは広場の造成の事業（一貫して行う（3719）造園の事業を含む。） **3713** 地下に構築する各種タンクの建設事業 **3714** 鉄管、コンクリート管、ケーブル、鋼材等の埋設の事業 **3715** さく井事業 **3716** 工作物の破壊事業 **3717** 沈没物の引揚げ事業 **3718** その他の各種建設事業 **3719** 造園の事業			
38	既設建築物設備工事業	**3801** 既設建築物の内部において主として		23%	12/1,000

		行われる次に掲げる事業及びこれに附帯して行われる事業（建設工事用機械以外の機械の組立て又は据付けの事業、（3802）既設建築物の内部において主として行われる電気の設備工事業及び（3715）さく井事業を除く。） イ　電話の設備工事業 ロ　給水、給湯等の設備工事業 ハ　衛生、消火等の設備工事業 ニ　暖房、冷房、換気、乾燥、温湿度調整等の設備工事業 ホ　工作物の塗装工事業 ヘ　その他の設備工事業 **3802**　既設建築物の内部において主として行われる電気の設備工事業 **3803**　既設建築物における建具の取付け、床張りその他の内装工事業			

Q19

工事が分割発注され、第１期工事を当社が請け負いました。第２期工事以降の分も当社が請け負うと思いますが確定していません。労災保険の手続はどのようにすればよいでしょうか？

Answer.

まず、第１期工事についてだけ手続をします。

請負金額が１億８千万円（消費税抜き）以上であれば、単独有期工事として第１期工事の分だけ労災保険関係を成立させてください。その後、第

2期工事の発注が確定した段階で、次の手続を行います。

まず、工事が継続発注された結果、工期等を変更した場合には、「労働保険　名称、所在地等変更届」（徴収則様式第2号）を労基署に提出します。その結果、労災保険料の額が2倍を超えて増加し、かつ、その賃金総額によった場合の概算保険料の額と申告済みの概算保険料との差額が13万円以上となったときは、その日から30日以内に「概算・増加概算・確定保険料申告書」（徴収則様式第6号（乙））に「請負金額内訳書（乙）」を添えて提出します。これにより差額の労災保険料を納付することになります。

工事がまったく新たに発注された場合には、その工事について別途労災保険関係成立の手続を取ります。

Q20

マンション新築工事を請け負っていたH建設会社が、工期途中で事実上倒産し施工できなくなりました。このため、急きょ当社がその後を引き継いで施工することとなりました。労災保険については、どのような手続が必要でしょうか？

Answer.

前の会社の労災保険関係を引き継ぐ手続がありますので、これをしてください。

速やかに「労働保険　名称、所在地等変更届」（徴収則様式第2号）を所轄労基署長に提出してください。これにより、労災保険関係についてもH社のものを引き継ぐことになります。

工事の規模等に変更がなければ、その後完工時に保険料の精算をして、過不足を調整することとなります。

Q21

当社が元請として施工する建設工事がありますが、１次下請との協議により、その下請負人を事業主として労災保険を掛けることができるでしょうか？

Answer.

できる場合があります。

徴収法第８条第１項では、「厚生労働省令で定める事業が数次の請負によつて行なわれる場合には、この法律の規定の適用については、その事業を一の事業とみなし、元請負人のみを当該事業の事業主とする。」としています。この「厚生労働省令で定める事業」は建設業とされています（徴収則第７条）。そのため、建設工事に関しては、元請がすべての下請負人の労働者を含めて労災保険を掛けることとされています。

しかしながら、たとえば、ある程度のまとまった土地を建設会社が開発して売り出そうとしたところ、買い手の希望する建築物件の規模が大きくて当該建設会社では施工が難しいため、大手建設会社を下請として施工するといったことが起こることがあります。この場合、発注者の承認を得ていわゆる丸投げをすることもあります。

そこで、徴収法第８条第２項では、「前項に規定する場合において、元請負人及び下請負人が、当該下請負人の請負に係る事業に関して同項の規定の適用を受けることにつき申請をし、厚生労働大臣の認可があつたときは、当該請負に係る事業については、当該下請負人を元請負人とみなして同項の規定を適用する。」としています。

この手続としては、「労働保険　下請負人を事業主とする認可申請書」（徴収則様式第４号）を所轄労基署を経由して都道府県労働局長に提出し、厚生労働大臣の認可を受けることとなります。

要件は、下請負事業の概算保険料の額が160万円以上または請負金額が消費税を除き１億８千万円以上になる場合です。

この申請は、保険関係が成立した日の翌日から10日以内に元請負人と下請負人が共同で提出しなければなりませんが、やむを得ない理由があって期限内に提出できない場合には、期限後であっても提出することができます（徴収則第８条）。

なお、特定元方事業開始報告は、施工管理を行う元方事業者の義務とされていますので、事例の場合、当該下請負人が提出すべきこととなりましょう。

Column

伐木作業の例外的取扱い

伐木作業は、建設工事と同様に一括有期事業あるいは単独有期事業の区分で労災保険関係を成立させることができます。

しかし、たとえば神奈川県のように林業が業種として存在しない局では、小規模の伐木作業があっても、本来の林業としてはとらえられないことから、例外的に建設業として取り扱っています。

宅地開発等の一環として、それまでの山林（市街化調整区域）だったものを地目変更して立木を伐採する場合など、造成を伴うものは土木工事となることに問題はないのですが、そうでない場合、局によって例外的な取扱いをすることがあるということです。

3. 工事追加時

Q22

工事が追加発注された場合、労災保険の手続はどうなるでしょうか？

Answer.

保険関係の修正をする手続を取る必要があります。

追加発注の程度によりますが、おおむね次のようになります。

(1) 工期が延長された場合

工事が追加発注された結果、工期等を変更した場合には、「労働保険名称、所在地等変更届」（徴収則様式第２号）を労基署長に提出します。
(2) 労働保険料の追加がある程度見込まれる場合
　労災保険料の額が２倍を超えて増加し、かつ、その賃金総額によった場合の概算保険料の額と申告済みの概算保険料との差額が13万円以上となったときは、その日から30日以内に「概算・増加概算・確定保険料申告書」（徴収則様式第６号（乙））に「請負金額内訳書（乙）」を添えて提出します。これにより差額の労災保険料を納付することになります。

Q23

工事が当初発注された内容から縮小されました。どのような手続が必要でしょうか？

Answer.

保険関係の修正をする手続を取る必要があります。

　工期等を変更した場合には、「労働保険　名称、所在地等変更届」（徴収則様式第２号）を労基署長に提出します。その後完工時に保険料の精算をして、過不足を調整することとなります。納付済の概算保険料が一部還付されることとなるでしょう。この場合、「労働保険　労働保険料　石綿健康被害救済法　一般拠出金　還付請求書」（徴収則様式第８号）を労基署長に提出します。

4. 工事終了時

Q24

建設工事が終了した場合、労災保険に関して何か手続が必要でしょうか？

Answer.

まず、労災保険料の精算手続が必要です。

労災保険料は前納が原則です。工事の見込額等を元に概算で保険料を算出し、納付していますから、工事の完了により保険料の過不足が生じていることが多いものです。

そこで、完了した工事を元に、労災保険料を計算し、メリット制の適用を受けている場合には、それによる調整をして確定保険料を算出します。これには、労災保険からの給付額の計算が入りますから、労基署で算出してもらうことになります。

その結果、納めるべき労災保険料の金額が確定するので、前納分に対して不足があれば差額を納付し、過納分があれば還付請求ということになります。

提出書類は、保険関係成立時と同じ「労働保険　概算・増加概算・確定保険料申告書（有期事業用）」（徴収則様式第６号）です。

なお、労災保険料の確定申告に伴い、一般拠出金（石綿健康被害救済法に基づくもの）についても再計算することとなります。

労災保険料と一般拠出金の還付請求は、「労働保険料還付請求書」（徴収則様式第８号帳票種別 31751）を提出して行います。

Q25

労災保険に関し、代理人選任届を提出していました。工事終了にあたり、何か手続が必要でしょうか？

Answer.

「労働保険代理人選任・解任届」（徴収則様式第 23 号）を提出する必要があります。

労災保険代理人とは、事業主の代わりに現場所長等が労災保険関係の手続を行う場合の現場所長等をいいます。選任届をした場合には、変更した場合と共に、工事が終了した際には解任届を出す必要があるものです。（様式は P42 参照）

5. 労働災害発生時（詳細は第 3 章参照）

Q26

工事現場で労災事故が発生した場合、被災者にはどのようなものが出るのでしょうか？

Answer.

被災された程度にもよりますが、次に述べるものが労災保険法で定められています。

労災保険法に基づいて支払われるものを労災保険給付といいます。労災保険給付には、次のものがあります。

1　休業災害等（死亡災害以外）

(1) 療養補償給付（治療費）

(2) 休業補償給付（治療のため仕事を休まなければならない間で賃金が支払われないものに対する 6 割補償）

(3) 特別支給金（休業補償給付に対する、2割上乗せ分）
(4) 通院費（一定の要件を満たした場合の病院への交通費）
(5) 障害補償給付（身体障害が残った場合の補償）
(6) 傷病補償年金
(7) 介護補償給付
(8) アフターケア（一定の疾病等に対し、治癒後の補償）

2　死亡災害（治療中に死亡した場合であって、業務による死亡と認められた場合を含む。）

(1) 遺族補償給付（死亡災害の場合の遺族に対する一時金または年金）
(2) 葬祭料（死亡災害の場合の葬儀費用）
(3) 労災修学等援護費（遺族に満18歳未満の子がいる場合の学費補助。大学も対象）

Q27

労災事故が発生しました。労災保険を請求するための各種用紙はどこで入手できますか？

Answer.

最寄りの労基署で、無料で入手できます。

労災保険は、保険制度であり、工事現場はいずれもその保険に加入し、保険料を納付しているわけです。そのため、各種用紙類は無料で入手できます。

様式は全国共通ですから、どこの労基署で入手してもかまいません。

なお、事務組合に保険事務を委託している場合には、当該事務組合が用紙を持っていることもありますので、おたずねになってください。厚生労働省のホームページからダウンロードする方法もあります。

Q28

労災請求用紙を毎回労基署に取りに行くのが面倒なので、カラーコピーして使おうと思いますが、可能でしょうか？

Answer.

さしつかえありません。

かつては、カラープリンターやカラーコピーではだめといわれていましたが、現在では差し支えないこととされています。

なお、様式は赤で印刷しなければなりません。コンピューターで自動読み取りをするためです。赤以外の色の用紙は原則として受け付けてくれません。

Q29

当社の施工する工事現場において、労災事故が発生しました。労災保険関係成立の手続前の準備工段階での事故でした。どのようにすればよいでしょうか？

Answer.

ペナルティを受ける可能性があります。

とりあえず、所轄労基署に直接出向いて事情を説明し、速やかに労災保険関係成立の手続を取ってください。労災保険番号が振り出されませんと、労災保険の給付手続が進みません。

病院側にはその旨説明し、労災保険番号が振り出され次第「療養補償給付たる療養の給付請求書」（告示様式第５号）を提出するようにしてください。

あとは労基署の指示に従って処理を進めてください。状況によっては、費用徴収（P６参照）の対象とされることがあります。

Q30

先日、工事金額の小さい工事を行いましたが、工期が２週間程度と短く、うっかりしているうちに一括有期工事開始届を提出せず終了しました。どのように対処すればよいでしょうか？

Answer.

一括有期工事開始届の提出が必要です。

遅ればせながら、一括有期工事開始届を所轄労基署に提出してください。

工事が完了したからといって提出しないままにしておくと、労災保険料の過少申告につながります。これが発覚すると、課徴金を徴収されることがあります。

一括有期工事の労災保険料は、年度ごとにまとめて納付するので、この届出がきちんとされていて、年度更新事務において適正な保険料を納付していれば問題はないのですが、未提出が放置されたままであったり、繰り返されたりすると、悪質な業者と認定されることがあります。そうなると、算定基礎調査という立入調査を何回も受けることになりかねません。これに対応する事務量は相当なものになりますし、その結果として課徴金が課されることもあります。

なお、一括有期工事開始届を遅れて提出する際に、場合によっては労基署から「理由書」を添付するようにいわれることがありますので、そのときは社長名の理由書を添付してください。これは、提出が遅れた理由を記載すると共に、会社として今後そのようなことがないようにする旨の記載をする一種の念書のようなものです。

あまり度重ならないようにしたいものです。

Q31

当社とＣ社との共同企業体で施工する工事現場があります。労災保険の各種請求手続等の際、いちいち本社の社長印を押さないで済ませる方法があるでしょうか？

Answer.

「代理人選任届」を提出し、現場所長を社長の代理人にする方法があります。

労災保険則第３条では、事業主（建設業の場合にあっては、元請負人。）は、あらかじめ代理人を選任した場合には、この省令及び労働者災害補償保険特別支給金支給規則の規定によって事業主が行わなければならない事項を、その代理人に行わせることができると定めています。

これを受け、同条第２項では、事業主は、前項の代理人を選任し、または解任したときは、次に掲げる事項を記載した届書を、所轄労基署長を経由して所轄都道府県労働局長に提出しなければならない、と規定しています。

1 事業の名称及び事業場の所在地
2 代理人の氏名（代理人が団体であるときはその名称及び代表者の氏名）及び住所

様式は次ページを参照してください。

様式第23号（第73条関係）

労働保険
一般拠出金 代理人選任・解任届

① 労働保険番号	府県	所掌	管轄	基幹番号	枝番号	② 雇用保険事業所番号	
	13	1	01	876543	021		

区分 / 事項	選任代理人	解任代理人
③職名	現場所長	
④氏名	松山正治	
⑤生年月日	○○○○年○○月○○日	年 月 日
⑥代理事項	労働保険の手続事務	
⑦選任又は解任の年月日	○○○○年○○月○○日	年 月 日

⑧選任代理人が使用する印鑑	（松山）	⑨選任又は解任に係る事業場	所在地	東京都千代田区神保町1-2-3
			名称	OK第3ビル新築工事

上記のとおり代理人を（選任）・解任したので届けます。

○○○○年○○月○○日

中央 労働基準監督署長 殿
公共職業安定所長 殿

大松建設株式会社

住所 東京都江東区亀戸○－○－○

事業主

記名押印又は署名

氏名 大松建設株式会社 代表取締役 大松春夫 ㊞

（法人のときはその名称及び代表者の氏名）

社会保険労務士記載欄	作成年月日・提出代行者・事務代理者の表示	氏名	電話番号
		㊞	

〔注 意〕

1 記載すべき事項のない欄には斜線を引き、事項を選択する場合には該当事項を○で囲むこと。

2 ⑥欄には、事業主の行うべき労働保険に関する事務の全部について処理させる場合には、その旨を、事業主の行うべき事務の一部について処理させる場合には、その範囲を具体的に記載すること。

3 選任代理人の職名、氏名、代理事項又は印鑑に変更があったときは、その旨を届け出ること。

4 社会保険労務士記載欄は、この届書を社会保険労務士が作成した場合のみ記載すること。

（日本工業規格A列4）

第２章
現場で労災になるもの
ならないもの

「労災になる」ということがよくいわれますが、どのような場合に労災になり、どのような場合にならないのでしょうか。実は、「労災になる」とは、治療費等が労災保険から給付されるということです。「労災にならない」とは、労災保険から給付されないということです。

生半可な知識で、うっかりしたことをいうと、下請が労災かくしに走ることがあります。逆に、労災保険で支払われるものは、きちんと労災保険で治療すべきでしょう。ここでは、労災になるかならないかが間違えやすい事項を中心にあげてあります。

本章の構成は以下のとおりです。

1. 地震、台風、蜂に刺された等
2. 一人親方
3. 警備員（ガードマン）
4. オペ付きリース
5. 生コン車とコンクリートポンプ車の取扱い
6. 第三者行為災害とは
7. 建設業附属寄宿舎
8. 疾病（熱中症、じん肺、石綿疾患等）
9. 過労死等
10. 通勤災害
11. 不法就労、食中毒、精神障害等

Q32

「労災になる」とか「ならない」ということを聞きますが、どのようなことを指すのでしょうか？

Answer.

狭い意味での「労災になる」とは、業務上災害に被災したものとして労災保険からの給付が認められたという意味です。

労災とは、「労災保険法」の略であり、「労働災害」の略でもあります。

労働災害は労災保険法の給付対象ですから、「労災になる」とは、被災した労働者から見ると、労災保険給付が受けられる（もらえる）という意味になります。労災保険給付には、業務上災害と通勤災害と二次健康診断等給付があります。

通勤災害は業務上災害ではありませんから、この狭い意味での「労災になる」には該当しません。しかし、通勤災害と認められれば、労災保険から治療費等が給付され、その給付内容は業務上災害と同じです。このためマスコミの報道では、通勤災害と認められたことも「労災が認められた」と表現することがあります。

したがって、広い意味では業務上災害と通勤災害を含み、どちらかが認められた場合を「労災になる」ということになります。

	労災保険給付	
	業務上災害 （狭義の労災）	通勤災害 （広義の労災）
労災になる	支給	支給
労災にならない	不支給	不支給

なお、労基署では、通勤災害が認められることを「労災になる」といういい方はせず、狭義の労災（業務上災害）の意味だけで使っています。

Q33

「業務上外」とか「通勤上外」という言葉を聞きますが、どのような意味でしょうか？

Answer.

労災保険給付の対象になるかならないかという意味です。

「業務上外」とは、業務上災害にあたるかどうかという意味で、労基署は調査をして業務上外の判断を下します。当該災害が「業務上」の災害であると認められれば、労災保険給付がなされます。「業務外（の災害）」と判断されれば、給付はされません。

「通勤上外」とは、同様に通勤災害になるかどうかという意味で、労基署がその判断を下します。当該災害が「通勤上」の災害であると認められれば、労災保険から通勤災害としての給付がなされます。「通勤外」と判断されれば、給付はされません。

業務上災害として認められるための要件は、「業務遂行性」と「業務起因性」です。

すなわち、業務に従事している途中で被災したことと、業務が原因で被災したことの２点が認められれば、業務上災害と認定されることとなります。

通勤上災害として認められるためには、通勤途上における災害であることが必要です。そのためには、業務災害に該当するものでないこと（この場合は業務上災害としての補償となります。）、通勤の中断や逸脱がないことが求められます。

Column

国土交通省（！）が社会保険・年金未加入問題に取組

数年前から国土交通省が建設会社の労働者に対する社会保険・年金未加入問題を取り上げ、現在では、公共工事の場合には未加入の会社は下請でも使用しないとしています。

そもそも社会保険も年金も厚生労働省が所管しているのですが、なぜ所管外の国土交通省が取り上げているのでしょうか。実は、小泉内閣当時の規制緩和と東日本大震災が影響していたのです。

規制緩和において、当時の首相は記者団の質問に対し、「もしこのビルの新築工事をある建設会社が10円で入札したのであれば、そこに落札させる。安ければいいんだ」という趣旨の発言をしました。その結果、全国で建設業者の廃業が相次ぎました。後継者がいなくなったのです。

東日本大震災で風向きが変わりました。地元の建設業者が、きちんと経営が成り立っていないと国民の安全安心はない、ということに地方自治体の首長や政治家が気づいたのです。しかし、最盛期800万人を超えていた建設業従事者は、500万人を切るところまで来ていました。

国土交通省はこのことに危機感を抱いたのです。震災後も、度重なる台風被害や各地での地震等の被害のほか、修復が必要な橋梁が全国に多数あることも判明しました。そこであえて所管官庁を差し置いて、社会保険・年金未加入問題を取り上げることとせざるを得なくなったのです。

他産業に引けをとらない生涯収入は、年金を無視しては不可能です。現に、筆者が直接建設労働者に聞いたところでは、多くの方々が75歳くらいまで働きたいといっていました。年金に未加入というのは、企業に雇われている労働者のほか、一人親方に多いのです。

家族がいなくて無年金の方々の中には、リタイアした後、生活保護を受給して簡易宿泊所で生活している方もいます。これでは、若い方々が建設業に入ってくるはずはないのです。

そしてもう一つ重要なことは、他産業と同等の安全確保です。労働災害防止の取組がこれまで以上に重要になりました。さらには、万一工事現場で被災した場合には、労災保険による治療等で可及的速やかに社会復帰していただくことです。

1. 地震、台風、蜂に刺された等

Q34

土木工事作業中に地震が発生し、土砂崩壊により負傷した場合、労災保険の取扱いはどうなりますか？

Answer.

労災保険から給付される可能性があります。

地震は天災地変であり、原則として地震による災害は、業務遂行中に発生しても、労災の対象となりません。

天災地変は不可抗力であり、事業主の支配・管理下になくても危険性があるからであり、個々の事業主にその責任を負わせることは困難です。そのため、本来事業主の補償責任である労災補償を、保険制度として担っている労災保険においても同様の取扱いとなっています。

しかしながら、労働者が従事している業務の性質や内容、作業条件や作業環境、事業場施設の状況といったものを総合的に勘案した場合に、このような天災地変による災害の危険が、同時に業務に伴う危険となることがあります。つまり、事業主の支配下にあることに伴う危険があるといえます。

その結果、次の事例は、業務上災害として認定されています。

1 事務所が土砂崩壊により埋没したための災害
2 作業現場でブロック塀が倒れたための災害
3 選別作業場が倒壊したための災害
4 岩石が落下し、売店が倒壊したための災害
5 山腹に建設中の建物が土砂崩壊により倒壊したための災害
6 バス運転手の落石による災害
7 建築現場の足場から転落した災害
8 工場から屋外へ避難する際の災害
9 避難の途中、車庫内のバイクに衝突した災害
10 倉庫から屋外へ避難する際の災害

なお、具体的事例があれば所轄労基署に相談してください。

Q35

台風が上陸したため、土砂崩壊により被災しました。労災保険の取扱いはどのようになるでしょうか？

Answer.

労災保険から給付される可能性があります。

詳細はQ34を参照してください。

Q36

高速道路の築造工事現場において、路肩部分の草刈作業中にスズメバチに刺されました。労災保険の取扱いはどうなりますか？

Answer.

労災保険から給付される可能性があります。

蜂に刺されることは、一種の不可抗力との見方もありますが、労働者が従事している業務の性質や内容、作業条件や作業環境、事業場施設の状況といったものを総合的に勘案した場合に、事例のような昆虫等による災害の危険が、同時に業務に伴う危険となることがあります。

事例の場合でいえば、「業務に従事すること＝事業主の支配下にあること」であり、それに伴う危険があるかどうかということから見ると、当該作業場所が蜂の出没する場所であるならば、その危険があったといえます。

したがって、労災保険給付の対象となる可能性が高いと思われます。

2. 一人親方

Q37

建設工事等でよく聞く「一人親方」とはどのようなものですか？

Answer.

労働者（従業員）を雇用していない個人事業主のことです。

プロゴルファーや作家など、労働者を雇用せず、一人で事業主として活躍している人たちがいます。建設工事においても、大工、電気工事その他、労働者を雇用せず自ら事業主として働いている人たちがいます。これが一人親方です。

一人親方は、労働者ではなく事業主ですから、工事現場の労災保険の対象になりません。

一人親方も働いているから労働者だ、という主張もあります。しかし、労災保険の対象は「労働基準法上の労働者」に限られています。労働基準法上の労働者は、「この法律で「労働者」とは、職業の種類を問わず、事業又は事務所（以下「事業」という。）に使用される者で、賃金を支払われる者をいう。」（第9条）とされています。

ところで、一人親方であっても、時にはほかの事業主に従業員として雇われることがないわけではありません。また、表面上独立した事業主のようであっても、受注先との間の使用従属関係が強い場合には、労働者にあたる場合もあります。

したがって、労基署である程度調査をしないと判断できない場合もあります。調査の結果、労働者ではないとして労災保険が不支給とされた事案に対し、被災者が上告した最高裁判決（「藤沢労働基準監督署長事件」平成19年6月28日最高裁第一小法廷判決　平成17（行ヒ）145）は、労基署の判断とこれを支持した地裁と高裁の判断は正当として是認することができる、としています。

なお、工事現場においては、表面上、下位の下請の労働者として就労している場合が多く、ヘルメットも作業服もその下請の物を着用しているのが通例です。ところが、一旦災害が発生すると「実は」ということでさらに下請だったということがままあります。

一人親方の場合、Q38の「特別加入」により労災保険の保護を受けることができますから、加入を徹底しておきたいものです。民間の保険よりはるかに安い保険料で、保険料全額を税法上の経費に計上できますから。

なお、健康保険法の改正により、今日では、労災保険が支給されないものについて健康保険が適用される場合があります。Q40を参照してください。

Q38

「特別加入」という言葉を聞きますが、どのような意味でしょうか？

Answer.

労災保険に加入できない「労働者以外の者」に対して、労災保険に加入できるようにしている制度です。

労災保険は、「労働基準法上の労働者」を対象としていますから、経営者（事業主）や一人親方は対象外となります。

しかしながら、小規模の企業の経営者等は、労働者と同じような作業に従事している場合があり、労働者に準じて労災保険の保護の対象とすることがふさわしい人々がいます。

そこで、これらの人々に対し、労災保険の本来の建前を損なわない範囲において、労災保険の適用を認めようとする制度です。

対象となるのは、次のとおりです（労災保険法第33条）。

1　中小事業主等

中小事業主（規模300人以下の事業主等）及びその家族従事者等が事務組合を通じて加入することができます。

2　一人親方等

一人親方その他の自営業者（大工、とび、個人タクシー業者、個人貨物運送業者等）がその所属団体を通じて加入することができます。

3　特定作業従事者

家内労働者や労働組合の常勤役員、介護作業従事者等の特定作業従事者がその所属団体を通じて加入することができます。

4　海外派遣者

国内の事業から派遣されて海外支店、工場、現地法人等で働く労働者等が加入することにより、海外における業務・通勤災害について保護がされます。

建設工事現場においては、1と2が中心で、まれに4があるでしょう。

なお、経営者としての業務中の災害は対象外とされています。

Q39

建設の事業で、労災保険に一人親方で特別加入しようと思いますが、保険料はどのくらいになるのでしょうか？

Answer.

年間2万5千円から17万円あまりまで、加入の仕方により異なります。

1日当たりいくらの日当と見込むかによって変わります。次の表のとおりです。

表　給付基礎日額・保険料一覧表（建設の事業の場合）

給付基礎日額	保険料算定基礎額（給付基礎日額×365）	年間保険料（保険料算定基礎額×（19／1,000））
25,000円	9,125,000円	173,375円
24,000円	8,760,000円	166,440円
22,000円	8,030,000円	152,570円
20,000円	7,300,000円	138,700円
18,000円	6,570,000円	124,830円
16,000円	5,840,000円	110,960円
14,000円	5,110,000円	97,090円
12,000円	4,380,000円	83,220円

10,000 円	3,650,000 円	69,350 円
9,000 円	3,285,000 円	62,415 円
8,000 円	2,920,000 円	55,480 円
7,000 円	2,555,000 円	48,545 円
6,000 円	2,190,000 円	41,610 円
5,000 円	1,825,000 円	34,675 円
4,000 円	1,460,000 円	27,740 円
3,500 円	1,277,500 円	24,263 円

この表の左の「給付基礎日額」とは、労災保険給付が行われる場合の1日当たりの基礎額です。労働者の場合の平均賃金にあたります。中間の欄は、年収見込額となり、右欄の「年間保険料」が1年間に支払うべき保険料となります。

つまり、この表の中から保険料の額をご自分で選ぶことになるわけです。保険料が高ければ仕事を休んだ場合の休業補償額が上がり、安ければ下がるわけですから、どのランクの保険料を選択するかをよく考えて加入する必要があります。

とはいえ、治療の内容は変わりませんので、仕事を休んだ場合の補償（収入の補償）を気にしなければ、最も安い額で加入すればよいわけです。しかし、不幸にして身体障害を負ったり死亡した場合、障害一時金や年金額はその給付基礎額で算定されますからご注意ください。

なお、次の業務に従事していた方は、加入時にそれぞれの右欄の健康診断を受ける必要があります。

表　加入時健康診断が必要な業務の種類

特別加入予定者の業務の種類	特別加入前に左記の業務に従事した期間（通算期間）	実施すべき健康診断
粉じん作業を行う業務	３年	じん肺健康診断
振動工具使用の業務	１年	振動障害健康診断
鉛業務	６か月	鉛中毒健康診断
有機溶剤業務（塗装、接着等）	６か月	有機溶剤中毒健康診断

Q40

当社は小規模な下請企業で、社長も時に現場に出て作業をすることがあります。先日、人手が足りないということから現場に出たところ、入院には至りませんでしたが負傷しました。労災保険には特別加入していません。治療費はどのようになるでしょうか？

Answer.

経営者の場合、特別加入をしていないと労災保険は使えません。

しかし、健康保険に社長も加入していれば、例外として健康保険から給付される場合があります。

被保険者が5人未満である健康保険の適用事業所に所属する法人の代表者等であって、一般の従業員と著しく異ならないような労務に従事している者については、その者の業務遂行の過程において業務に起因して生じた傷病に関しても、健康保険による保険給付の対象とすること（平15.7.1付け保発第0701002号「法人の代表者等に対する健康保険の適用について」）とされています。ただし、傷病手当金は支給されません（同通達）。

また、法人の代表者等のうち、労災保険法の特別加入をしている者及び労基法上の労働者の地位を併せ保有すると認められる者（兼務役員）であって、これによりその者の業務遂行の過程において業務に起因して生じた傷病に関して労災保険の対象となる場合には、健康保険からは給付を行わないとしています。なお、2013年10月1日から、健康保険の被保険者又は被扶養者の業務上の負傷等について、労災保険の給付対象とならない場合は、原則として、健康保険の給付対象とされることになりました。

Q41

一人親方であっても、労働基準法上の「労働者」に該当する場合がありますか？

Answer.

あります。

一人親方であっても、仕事がないときに一時的に労働者としてほかの事業主に雇われることがないわけではありません。

また、受注先との関係において、いくつかの事項について労働者性が強まると、実質的にその受注先に雇用されていると認められる場合があります。この点については、厚生労働省等からその考え方が示されています。ただし、ある事項だけで判断することはできず、以下の事項を総合的に判断することとなります。

1　使用従属性に関する判断基準

(1)　指揮監督下の労働

イ　仕事の依頼、業務に従事すべき旨の指示等に対する諾否の自由の有無

ロ　業務遂行上の指揮監督の有無

(a)　業務の内容及び遂行方法に対する指揮命令の有無

実際に作業を行うにあたり、当該作業の細部に至るまで指示がある場合には、指揮監督関係の存在を肯定する重要な要素となります。

他方、業務の性質上、その遂行方法についてある程度本人の裁量に委ねざるを得ないことから、必ずしも作業の細部に至るまでの指示を行わず、大まかな指示にとどまる場合がありますが、このことは直ちに指揮監督関係を否定する要素となるものではありません。

(b)　その他

「使用者」の命令、依頼等により通常予定されている業務以外の業務に従事することを拒否できない場合には、「使用者」の一般的な指揮監督を受けているとの判断を補強する重要な要素となります。

(c)　拘束性の有無

勤務場所が工事現場に指定されていることは、業務の性格上当然

であるので、このことは直ちに指揮監督関係を肯定する要素とはなりません。

また、作業時間を指定されている場合であっても、現場周辺住民等との協定から、特定の時間にしか作業ができないなどの事業の特殊性によるものである場合には、このような指定は指揮監督関係を肯定する要素とはいえません。

(d) 代替性の有無

「使用者」の了解を得ずに自らの判断によってほかの者に労務を提供させ、あるいは、補助者を使うことが認められている等労務提供に代替性が認められている場合には、指揮監督関係（労働者性）を否定する要素の一つとなります。

(2) 報酬の労務対償性に関する判断基準

労務提供に関する契約においては、工事完了に要する予定日数を考慮に入れながら単位面積あたり施工高についていくらと報酬が決められているのが一般的ですが、拘束時間、日数が当初の予定よりも延びた場合に、報酬がそれに応じて増える場合には、使用従属性を補強する（労働者性が強まる）要素となります。

2 労働者性の判断を補強する要素

(1) 事業者性の有無

イ 機械、器具等の負担関係

たとえば、自ら所有する機械等を用いて作業を行う場合、それが安価な場合には問題となりませんが、著しく高価な場合には、事業者としての性格が強く、労働者性を弱める要素となります。

ロ 報酬の額

報酬の額が当該企業において同様の業務に従事している正規従業員に比較して著しく高額である場合には、一般的には、事業者に対する代金の支払と認められ、労働者性を弱める要素となります。

ハ その他

業務を行うにあたって第三者に損害を与えた場合に、本人が専ら責任を負うべきときは、事業者性を補強する要素となります。

(2) 専属性の程度

特定の企業に対する専属性の有無は、直接に使用従属性の有無を左右するものではなく、特に専属性がないことをもって労働者性を弱めることとはなりませんが、労働者性の有無に関する判断を補強する要素の一つと考えられます。

具体的には、他社の業務に従事することが契約上制約され、または、時間的余裕がない等事実上困難である場合には、専属性の程度が高く、経済的に当該企業に従属していると考えられ、労働者性を補強する要素の一つと考えられます。

(3) その他

報酬について給与所得としての源泉徴収を行っていることは、労働者性を補強する要素の一つとなります。逆に、請求書を提出しこれに対して支払われるとか、消費税も支払われているとか青色申告をしている場合には、事業者性を補強する要素の一つと考えられます。

Column

労災保険に入っていたらいくら出ましたか？

正月休み明け後しばらくして、ある社会保険労務士から電話連絡を受けました。「社長が亡くなったのですが、病院が労災保険の請求用紙を出すようにというのです。特別加入していないので労災は出ないのですが、奥さんに説明してもらえませんか」というのです。

現場にも行きました。1 階が駐車場で 2 階が店舗のファミリー・レストランでした。駐車場の天井部分に上下水道管等が集中しているのですが、正月あけに排水管が詰まったため、その会社に作業を依頼したものでした。

建設業界は正月休みが長く、作業員は全員地方に帰郷していて誰もいませんでした。そこで社長が単独で出向いたのでした。地上から 2 メートルちょっとの天井裏をはっていたときに、開口部から地上に頭から落ち、病院に搬送されたものの死亡したのでした。確かに、特別加入はしていませんでした。

説明の日、社長の奥さんは私の話を聞き、納得したようでしたが、「もし入っていたらいくら出たでしょうか？」と聞き返しました。

私は一瞬言葉に詰まりました。掛け金が一番安いものから高いものまで 10 倍ほどの開きがあり、年金ともなればいくらになるか何ともいえません。しかし、そう答えても答えにならないと思い、中間くらいと考えて、「2 千万円くらいでしょうか」と答えました。

奥さんは「そうですか…」とため息をついて帰られました。

3. 警備員
（ガードマン）

Q42

当社の施工する工事現場で、入口で交通案内等をしていた警備会社の警備員が出入りのダンプに左足をひかれて被災しました。現場の労災保険で治療するのでしょうか？

Answer.

警備員は、工事現場の労災保険の対象外です。
そのため、現場の労災保険は使えません。当該警備会社が掛けている労災保険で治療等を受けることになります。

工事現場における労災保険は、下請分を含めて元請が一括して掛けることとされています。

しかしながら、請負関係にない業務については、そこに含まれません。工事現場の入口等において、入出場する車両の交通整理をしたり、一般通行人に対する警備をするなどの作業は、元請と警備会社との間で業務委託あるいは委任契約のもとで行われています。

このため、警備員の負傷は、工事現場の労災保険の適用はないことから、警備会社の労災保険を使うこととされています（平 11.10.4 付け労徴発第 85 号）。

なお、出入りのダンプにはねられて警備員が死亡する災害も発生していますから、現場の安全管理にあたっては、そのようなことも元請事業者の責任範囲として考慮する必要があります。

4. オペ付きリース

Q43

工事現場で「オペ付きリース」という言葉を聞きますが、どのような意味でしょうか？

Answer.

大型の移動式クレーンのリースのことです。

車両系建設機械、移動式クレーン、高所作業車または不整地運搬車といった機械類をリースする業者があります。これらの機械等のうち、移動式クレーンは、相当高額の物があり、単に移動式クレーン運転免許を有しているというだけでは運転ミスで損壊する危険があり、それを避けるためにリース業者は専属オペレーターを付けて工事現場にリースします。これを「オペ付きリース」と呼んでいます。

ほかの業界では、フォークリフトなどについてもオペ付きリースをしている例がありますが、工事現場では移動式クレーンの場合だけのようです。

Q44

当社の施工する工事現場内で、移動式クレーンをオペ付きリースで使っていたところ、そのオペレーター（運転者）が負傷しました。現場の労災保険は使えるのでしょうか？

Answer.

原則として使えません。

移動式クレーンは、相当高額であり、単に移動式クレーン運転免許を有しているというだけでは運転ミス等で損壊する危険があり、かなりの修理費がかかることがあります。それを避けるためリース業者は専属オペレーターを付けて工事現場にリースします。これを「オペ付きリース」と呼んでいます。

工事現場における労災保険は、下請分を含めて元請が一括して掛けることとされています。

しかしながら、請負関係にない業務については、そこに含まれません。オペ付きリースは、当該工事現場において元請との間で請負契約を締結しているわけではなく、移動式クレーン等の賃貸借契約を結んでいるものです。そのため、工事現場の労災保険は適用がなく、当該リース業者が掛けている労災保険による治療が必要です。

とはいえ、国土交通省ではこれを下請として扱っていますので、災害が発生した場合には、まずは労基署に相談するとよいでしょう。

5. 生コン車とコンクリートポンプ車の取扱い

Q45

生コンクリート打設のため、生コン車が数台現場に来ていました。そのうち１台が現場内で生コン車の洗浄作業をしていたところ、運転手が踏み台から墜落して負傷しました。現場の労災保険を使うことになるのでしょうか？　コンクリートポンプ車の労働者の場合はどうでしょうか？

Answer.

生コン車の運転者は、現場で負傷したとしても現場の労災保険の対象となりませんが、コンクリートポンプ車は現場の労災保険が使えます。

生コン車は、生コン工場から生コンクリートを輸送する運送業者であり、生コンクリート製造工場から委託を受けて生コンクリートのユーザーである工事現場に運んでいるものです。そのため、当該業者と工事現場の元請との関係は下請契約ではありません。

そこで、生コン車の運転者は、自社の労災保険を使うことが必要であり、元請の労災保険は使えません。

これに対し、コンクリートポンプ車は、生コンクリート打設の作業を請け負う業者と、打設後の平し等の作業を行う左官工事業者と共同して作業に従事しているものであり、生コン車とは違い現場の下請の扱いとなりますから、現場の労災保険が使えます。

また、ある程度規模の大きい工事になると、現場で生コンクリートの製造をしている場合があります。具体的な契約内容にもよりますが、その場合のセメント運送業者についても生コン車と同様のことがいえ、現場の労災保険は使えません。鉄骨やサッシ等を現場に搬入するトラック運転手と同じことです。

6. 第三者行為災害とは

Q46

通勤災害などで、「第三者行為災害」という言葉を聞きますが、どのような意味で、労災保険法上どのような手続が必要でしょうか？

Answer.

加害者がある災害という意味です。

労災保険の保険関係の当事者は、政府（労基署）と事業主及び労災保険の受給権者（被災者本人または遺族）です。

「第三者」とは、当該保険関係にかかわっている方以外の方のことであり、「第三者行為災害」とは、労災保険の給付の原因である事故が第三者の行為などによって生じたものであって、労災保険の受給権者である被災労働者または遺族（以下「被災者等」といいます。）に対して、第三者が損害賠償の義務を有しているものをいいます。

つまり、加害者のある災害をいい、業務上災害の場合と通勤災害の場合とがあります。

第三者行為災害に該当する場合には、被災者等は第三者に対し損害賠償請求権を取得すると同時に、労災保険に対しても給付請求権を取得することとなりますが、同一の事由について両者から重複して損害のてん補を受けることとなれば、実際の損害額より多くの支払いを受けることとなり不合理な結果となります。加えて、被災者等にてん補されるべき損失は、最終的には政府によってではなく、災害の原因となった加害行為等に基づき損害賠償責任を負った第三者が負担すべきものであると考えられます。

このため、労災保険法第12条の4において、第三者行為災害に関する労災保険の給付と民事損害賠償との支給調整を定めており、先に政府が労災保険の給付をしたときは、政府は、被災者等が当該第三者に対して有する損害賠償請求権を労災保険の給付の価額の限度で取得するものとし、また、被災者が第三者から先に損害賠償を受けたときは、政府は、その価額の限度で労災保険の給付をしないことができることとされています。

この場合、政府が取得した損害賠償請求権を行使することを「求償」といい、給付から賠償額を差し引くことを「控除」といいます。

被災者等が第三者行為災害について労災保険の給付を受けようとする場合には、所轄労基署に、「第三者行為災害届」を2部提出しなければなりません。この届は支給調整を適正に行うために必要なものであり、労災保険の給付に係る請求書と同時またはこの後速やかに提出する必要があります。

正当な理由なく「第三者行為災害届」を提出しない場合には、労災保険の給付が一時差し止められることがあります。

「第三者行為災害届」には、次に掲げる書類を添付することとされています。

添付書類名	災害の区分		提出部数	備　考
	交通事故による災害	交通事故以外による災害		
「交通事故証明書」または「交通事故発生届」	○	－	2	自動車安全運転センターの証明がもらえない場合は「交通事故発生届」
念書（兼同意書）	○	○	3	
示談書の謄本	○	○	1	示談が行われた場合（写しでも可）
自賠責保険等の損害				仮渡金又は賠償金を受けて

賠償金等支払い証明書又は保険金支払通知書	○	―	1	いる場合（写しでも可）
死亡診断書または死体検案書	○	○	1	死亡の場合（写しでも可）
戸籍謄本	○	○	1	死亡の場合（写しでも可）

Q47

当社の社員が通勤災害で交通事故を起こし、第三者行為災害となりました。労基署に無断で示談しないようにといわれましたが、そのようなことがあるのでしょうか？

Answer.

あります。

第三者行為災害は、加害者のある災害です。交通事故の場合は、相手側と被災者の側とでそれぞれに過失があるケースがほとんどです。過失割合に応じて給付が変わることはもちろん、相手側からの賠償があればそれを考慮して労災保険給付も調整または控除が行われます。

また、交通事故の場合は自賠責保険を使用するのが最優先で、労災保険は補完的なものとなっています。任意保険が適用されれば、労災保険はその後ということになります。

第三者行為災害が発生した場合には、労基署に「第三者行為災害届」を提出し、相手方の情報を労基署に報告すると共に、「念書」において、無断で示談しないように求めています。

それは、自賠責保険は治療費の限度額が低いことと、任意保険も含めて状況が確定するのに時間がかかるため、労災先行願の提出により、労災保険で治療費等をいわば立て替えるケースが多いことによっています。その後労災保険では、自賠責保険や任意保険との間で相手方と被災者との過失割合を確定し、求償（労災保険で支払った分を保険会社から返還してもらうこと）をします。労基署に無断で示談をしてしまうと、この求償ができないこととなり、被災者本人に返還を求めることとなります。

労働者死傷病報告

様式第２４号（第97条関係）

○○○○年 7 月から ○○○○年 9 月まで

事業の種類	事業場の名称（建設業にあっては工事名を併記のこと。）	事業場の所在地	電話	労働者数
土木工事業	国道○○号線補修（第53工区）工事	山形県酒田市○○1823番地地先	（0234）23-4567	12

被災労働者の氏名	性別	年齢	職種	派遣労働者の場合は欄に○	発生月日	傷病名及び傷病の部位	休業日数	災害発生状況（派遣労働者が被災した場合は、派遣先の事業場名を併記のこと。）
橋本一郎	(男)・女	48 才	舗装工		8 月 2 日	右足首捻挫	2 日	アスファルトを運んできたトラックの荷台からとびおりて負傷しました。
	男・女	才			月 日		日	
	男・女	才			月 日		日	
	男・女	才			月 日		日	
	男・女	才			月 日		日	
	男・女	才			月 日		日	

報告書作成者 職氏名　現場代理人　矢部和夫

○○○○年 ○○月 ○○日

酒田 労働基準監督署長 殿

事業者 職 氏名　町田工務店株式会社　代表取締役　町田大樹　㊞

備考 1 派遣労働者が被災した場合、派遣先及び派遣元の事業者は、それぞれ所轄労働基準監督署に提出すること。
2 氏名を記載し、押印することに代えて、署名することができる。

Q48

現場内で下請のＡ社の労働者甲が運転するバックホウが、旋回した際に別の下請であるＢ社の労働者乙を負傷させました。現場内での災害であっても、第三者行為災害となるのでしょうか？

Answer.

第三者行為災害となります。

したがって、P62 に記載の書類等の提出が必要です。

ただし、災害発生時の状況にもよりますが、一種の同僚災害であるため、求償を差し控えることが多いものです。

なお、警察署では、業務上過失致死傷罪（業過）容疑で甲を取り調べ、状況によって検挙することがあります。

7. 建設業附属寄宿舎

Q49

当社の下請で建設業附属寄宿舎を有している業者があります。寄宿舎内での災害は、当該作業員が通っている現場の労災になると聞きましたが、本当でしょうか？

Answer.

本当です。

建設業の下請業者は、労災保険を掛けていないのが通例です。作業員はすべて現場の労災保険で補償されるからです。

しかし、営業社員がいたり、管理部門の労働者がいる場合には、その労働者について労災保険を独自に掛ける必要があります。

建設業附属寄宿舎を有している場合には、当該寄宿舎の賄人や管理人については、現場の労災保険は適用されませんから、やはり独自に掛ける必要があります。もっとも、最近はこれらの業務は専門業者に委託する例が増えています。

建設業附属寄宿舎内は、すべて事業主の支配下であるので、個人的なけんかはともかく、寄宿舎内で発生したほとんどの災害は労災保険の対象となり、それは当該作業員が通っている建設工事現場の労災事故として扱われます。

したがって、元請としては、工事現場内における災害防止だけにとどまらず、寄宿舎を有する下請（作業員名簿に住所が同一の者が多数認められる。）に対する寄宿舎内での安全衛生についても、十分な指導を行う必要があります。

なお、下請が独自に加入している労災保険番号を持っている場合、その労災保険で治療等をすることが本来のあり方ですので、労基署に相談してみてください。

Q50

当社の下請で建設業附属寄宿舎を有している業者があります。寄宿舎内での災害は、当該作業員が通っている現場の労災になると聞きましたが、具体的にはどのような災害があるのでしょうか？

Answer.

業務上災害と認められる場合であって、当該下請が独自に労災保険に加入していない場合です。

次のような災害が典型例です。

1 寝たばこその他による火災で死傷した場合

2 階段等の不具合による転倒・転落等

3 食中毒

4 風呂釜の不完全燃焼による一酸化炭素中毒

5 積雪時に、敷地内や階段で滑って負傷

食中毒は、朝食や夕食のほか、弁当を寄宿舎で作っている場合も当然対象となります。

いずれも業務上災害として労災補償の対象となり、原則として当該労働者が通っている工事現場の労災保険を使うこととなり、当該下請会社から労働者死傷病報告を設置地の労基署長に提出することが必要となります。

Q51

当社の下請の労働者が、寄宿舎内で食中毒を起こし、1週間ほど仕事を休むことになりました。労働者死傷病報告の提出が必要でしょうか？

Answer.

必要です。

労基法第104条の2では、「行政官庁は、この法律を施行するため必要があると認めるときは、厚生労働省令で定めるところにより、使用者又は労働者に対し、必要な事項を報告させ、又は出頭を命ずることができる。」と定めており、これを受けて労基則第57条では次のものを定めています。

1 事業を開始した場合（適用事業報告）
2 事業の附属寄宿舎において火災若しくは爆発又は倒壊の事故が発生した場合
3 労働者が事業の附属寄宿舎内で負傷し、窒息し、又は急性中毒にかかり、死亡し又は休業した場合

おたずねの食中毒は、この3に該当しますから、遅滞なく労働者死傷病報告を寄宿舎の所在地を管轄する労基署に提出しなければなりません。提出義務者は、当該下請業者です。

8. 疾病
（熱中症、じん肺、石綿疾患等）

Q52

建設工事現場で作業をしていて病気になった場合、労災保険による治療等が受けられるのでしょうか？

Answer.

受けられる場合があります。

まず、敗血症や破傷風のように負傷に起因するものは、労災保険給付の対象となります。

次に、熱中症や食中毒等が該当します。除染等業務により放射線障害を発症した場合も補償対象となります。

また、遅発性疾病といわれますが、いわゆる職業病としてのじん肺や石綿に起因する中皮腫その他の疾病が該当します。

じん肺や中皮腫あるいは放射線障害等は、当該作業等に従事した後20年、30年を経て発病することがあります。このため、一定要件に該当する労働者には、国の費用負担で特殊健康診断を行う制度があります。詳細は、第6章の健康管理手帳のQ&Aを参照してください。

そこで、そのような業務に従事した労働者がいる場合には、後年の労災保険請求に備え、労働者名簿、健康診断記録、作業記録等を、粉じん作業と除染等業務であれば30年間、石綿関係は40年間保存するようにしてください。

さらには、有機溶剤中毒や特定化学物質その他の有害物による中毒も発生することがあります。具体的な事案が生じた場合には、速やかに所轄労働基準監督署にご相談ください。疑わしい場合も同様です。

なお、事業を廃止（廃業）する場合には、当該記録の保管等について、所轄労働基準監督署にご相談ください。

Column

広がる補償対象

労災保険給付の対象となるものは、徐々にですが拡大しています。

かつては、出張中公共交通機関に乗車中は補償外とされていました。しかし、新幹線に乗車中に通り魔に刺されて死亡した事案について、業務上災害として給付対象とされました。

1980 年（昭和 55 年）に発生した新宿西口バス放火事件では、加害者が全く資産等がなく賠償能力がなかったこともあり、通勤途中であった被災者については労災保険の通勤災害として補償されることとされました。

1995 年（平成 7 年）の地下鉄サリン事件の場合も、「今やそのようなテロがいつ発生してもおかしくない時代になった」という理由で、乗客は通勤災害、鉄道職員は業務上災害として給付対象とされました。

過労死等については 2001 年に基準が明確化され、精神障害については 2011 年 12 月に現在の認定基準が定められました。

中皮腫も現在ではすべて石綿に起因する疾病として取り扱われていますし、2012 年に報道された印刷会社で働いていた労働者が 1.2-ジクロロプロパンによる胆管がんで多数死亡した事案をもとに、労働基準法施行規則が改正され、従事歴があって胆管がんであれば自動的に業務上の疾病と認められるようになりました。

今後も時代の変化に応じて補償対象は拡大されていくことでしょう。

9. 過労死等

Q53

「過労死」という言葉を聞きますが、どのようなことをいうのでしょうか？

Answer.

時間外労働や休日労働が続いたことにより、脳梗塞等の脳血管疾患や心筋梗塞等の虚血性心疾患が発症し、死亡した場合をいいます。

必ず死亡するわけではありませんから、過労死等というのが正確でしょう。これらが労災として認められる条件は、発症直前1か月間に100時間を超える時間外労働等が認められた場合があります。これは、週40時間労働を基準として計算します。

また、直近2か月から6か月間を平均して1か月あたり80時間を超える時間外労働等があった場合も同様です。

80時間未満であったとしても、疲労が蓄積し、あるいは心理的負荷の高い業務（例　近隣対策等）に追われていて、あまり帰宅できなかったなどの事情が認められると、業務上災害と認められることがあります。

時間外労働等が1か月45時間以下の場合には、業務上災害になることはないとされています（平13.12.12基発第1063号「脳血管疾患及び虚血性心疾患等（負傷に起因するものを除く。）の認定基準について」）。

対象となる疾病は次のものです。

1　脳血管疾患
(1) 脳内出血(脳出血)
(2) くも膜下出血
(3) 脳梗塞
(4) 高血圧性脳症
2　虚血性心疾患等

(1) 心筋梗塞
(2) 狭心症
(3) 心停止（心臓性突然死を含む。）
(4) 解離性大動脈瘤

なお、これらを予防するため、平20.3.7基発第0307006号「過重労働による健康障害防止のための総合対策について」が厚生労働省から出されています。

Q54

工事現場で過労死等が認められる場合があるのでしょうか？

Answer.

あります。

「過労死等」の意味についてはQ53を参照してください。要は、肉体的、心理的負荷の高い業務が、発症直前に続いていたかどうかということです。

工事現場で発症したもので、業務上災害として労災保険給付が認められた例としては、次のような例があります。

1 執拗なクレームを訴える近隣住民との折衝であまり帰宅できないうちに発症した工事主任
2 設計変更が相次いだため、現場に泊まり込んで図面を引いているうちに発症した元請の社員

Q55

社員が自宅で脳溢血等を発症した場合であっても、労災が認められる場合があるのでしょうか？

Answer.

あります。

「過労死等」といわれる脳血管疾患や虚血性心臓疾患は、発症した場所（倒れた場所）が問題なのではありません。その発症が仕事を原因としているかどうかなのです。

仕事が原因といえるかどうかについて、時間外労働と休日労働に関する基準については、Q53を参照してください。

したがって、本社で会議中に発症して倒れても、業務上災害とは認められないということもあります。

Column

健康診断が決め手で労災にならず

ある大手建設会社が施工する工事現場で、脳溢血による死亡が発生しました。鉄骨を組み上げた地上30メートルほどの場所で、つり足場を組み立てていた作業員が倒れたのです。緊急時ということでクレーンでつり下ろし、病院へ搬送しましたが、亡くなりました。

被災者が所属していたのは2次下請でしたが、1次下請がしっかりしている会社で、以前からきちんと健康診断を実施させていました。

当人の健康診断記録を見ると、直近のものでは高血圧について「治療中」、その前は「要治療」、その前は「要精密検査」、その前は「要再検査」となっていました。

時間外労働等についても、過去半年間において1か月30時間程度であったこともあり、現場で倒れて亡くなったのですが、業務上災害とはなりませんでした。

きちんと健康診断を実施し、その結果を記録して保存しておくことは、企業防衛上重要なことだと改めて感じました。

なお、この現場はその後、全工期無災害表彰（P178参照）を受けました。

10. 通勤災害

Q56

通勤災害が労災保険給付の対象となると聞きました。通勤災害とは、どのようなことをいうのでしょうか？

Answer.

労働者の住居と職場との間を往復する際に発生した災害のことです。
労災保険では、通勤災害についても、業務上災害とほぼ同様の給付をすることとされています。ただし、業務の性質を有するものは、通勤の途中であっても業務上災害とされます。

「通勤災害」とは、労働者の通勤による負傷、疾病、障害または死亡することをいいます（労災保険法第７条第１項）。交通事故が多いのですが、通り魔による通勤バスへの放火が対象とされたこともあります。地下鉄サリン事件の通勤客も、通勤災害の対象とされた例があります。

この「通勤」とは、労働者が、就業に関し、次に掲げる移動を、合理的な経路及び方法により行うことをいい、業務の性質を有するもの（Q58参照）を除くものとされています（同条第２項）。

1 住居と就業の場所との間の往復
2 労災保険則で定める就業の場所から他の就業の場所への移動
3 1に掲げる往復に先行し、または後続する住居間の移動（労災保険則で定める要件に該当するものに限る。）

ところで、通勤は住居と職場との間を往復する行為ですが、買い物や飲食店への立ち寄りその他、まっすぐ帰宅しない場合がままあります。これを「逸脱」または「中断」といいます。

労災保険法では、労働者が、前述の１から３に掲げる移動の経路を逸脱し、または移動を中断した場合においては、当該逸脱または中断の間及びその後の移動は、「通勤」としないとして、労災保険給付をしない旨定めています（同条第3項）。ただし、当該逸脱または中断が、日常生活上必要な行為であって労災保険則で定めるものをやむを得ない事由により行うための最小限度のものである場合は、当該逸脱または中断の間を除き、給付の対象とする（同）としています。

上記2は、事業場間の移動を含むとされていますので、A社に勤務した後B社で働いている場合の、A社からB社への移動途中も通勤として扱われます。

上記3は、単身赴任を想定しており、本来の住居と単身赴任先の勤務場所との往復を含むとされています。いわゆる金帰月来を想定したものです。

Q57

通勤災害と通常の労災事故（業務上災害）の場合で、労災保険給付の内容が違うのでしょうか？また、扱いの違う点はどのような点でしょうか？

Answer.

給付内容は同一です。

通勤災害として支給される労災保険給付は、次のとおりで（労災保険法第21条）、「補償」という言葉がつかず名称は違うものの業務上災害と同一の内容です。

1 療養給付
2 休業給付
3 障害給付
4 遺族給付
5 葬祭給付
6 傷病年金
7 介護給付

請求書は様式が異なり、たとえば次の表のようになっています。

	業務上災害	通勤災害
1	療養補償給付 (告示様式第５号)	療養給付 (告示様式第16号の３)
2	休業補償給付 (告示様式第８号)	休業給付 (告示様式第16号の６)
3	障害補償給付 (告示様式第10号)	障害給付 (告示様式第16号の７)

一方、業務上災害の場合には、次の点が通勤災害と異なります。

1 所轄労基署に「労働者死傷病報告」(安衛則様式第23号、第24号)を遅滞なく提出しなければなりません(安衛則第97条)。

2 その発生について事業主の安全配慮義務違反が問われることとなります(労働契約法第５条)被災者または遺族から、損害賠償を請求されることがあります。

3 療養のため休業を要する期間及びその後30日間は、解雇が禁止されています(労基法第19条)。

4 当該工事現場の労災保険料について、メリット制の適用がある場合には、その対象となります。

5 休業補償については、最初の３日間は労災保険から出ませんので、事業主(元請)に支払義務があります(労基法第76条)。

6 事業主に対し、法令違反が原因の場合には、費用徴収(下請は求償)を受けることがあります。

なお、通勤災害は、被災者本人に対し一部負担金(250円)があります。

Q58

通勤途中に発生した交通事故等であって、業務上災害となる場合があると聞きました。どのような場合がそうなるのでしょうか？

Answer.

会社の車で通勤中の場合や、マイカーに乗り合わせて通勤する場合などです。

建設工事現場で働く労働者は、都市部でもマイカー通勤が一般的です。通勤途中の交通事故等は原則として通勤災害ですが、業務の性質を有している場合や使用者の支配下にいると認められる間に発生したものは、業務上災害とされます。

「業務の性質を有している」ものとしては、会社の車を運転している場合とか、仕事で使用する物品や機械・機具類を載せている場合などが該当します。マイカー通勤であっても、ほかの労働者を便乗させて一緒に通勤している場合、会社からの依頼（黙示のものを含む。）によっていれば、業務上とされます。

「使用者の支配下にいると認められる」場合とは、会社所有や会社が手配したマイクロバス等で通勤する場合が該当します。

Q59

マイカー通勤で交通事故に遭いました。相手方が百パーセント悪いわけではない場合、労災保険給付はどうなりますか？

Answer.

相手方との過失割合により、自賠責保険会社との間で労基署が調整します。

交通事故の場合、ゼロ対百で相手が悪いということ（あるいはその逆）はあまりなく、お互いになにがしかの過失があるのが一般的です。これを過失割合といいます。

交通事故は、原則として自賠責保険と任意保険が労災保険より優先します。治療が長引く見込みであるとか、示談等が進まない場合には、「第三者行為災害に係る労災保険先行申請書」（労災先行願）を労基署に提出することにより、労災保険給付を先行させ、後日労基署が保険会社との間で調整をすることとなります。労基署に無断で示談はできません。

自賠責保険等による治療費が労災保険の場合より高額になりがちなことから、相手方の保険会社は労災先行の手続きを取るように勧めることが多いようです。

過失割合については、判例タイムスに交通事故の多くの例が収録されており、これを基本としつつ、発生状況により労基署で修正を加えて双方の過失割合を算出します。

したがって、あなたの保険会社を相手方に通知し、相手が同様に通勤途中であるならば、勤務先を管轄する労基署に通勤災害の手続を取ってもらうこととなります。

なお、業務中の交通事故も同様の扱いとなりますが、相手方は、当該業務に従事させていた会社（勤務先）に対しても、損害賠償請求ができる（民法第715条）ことに注意が必要です。

第三者行為災害の流れ

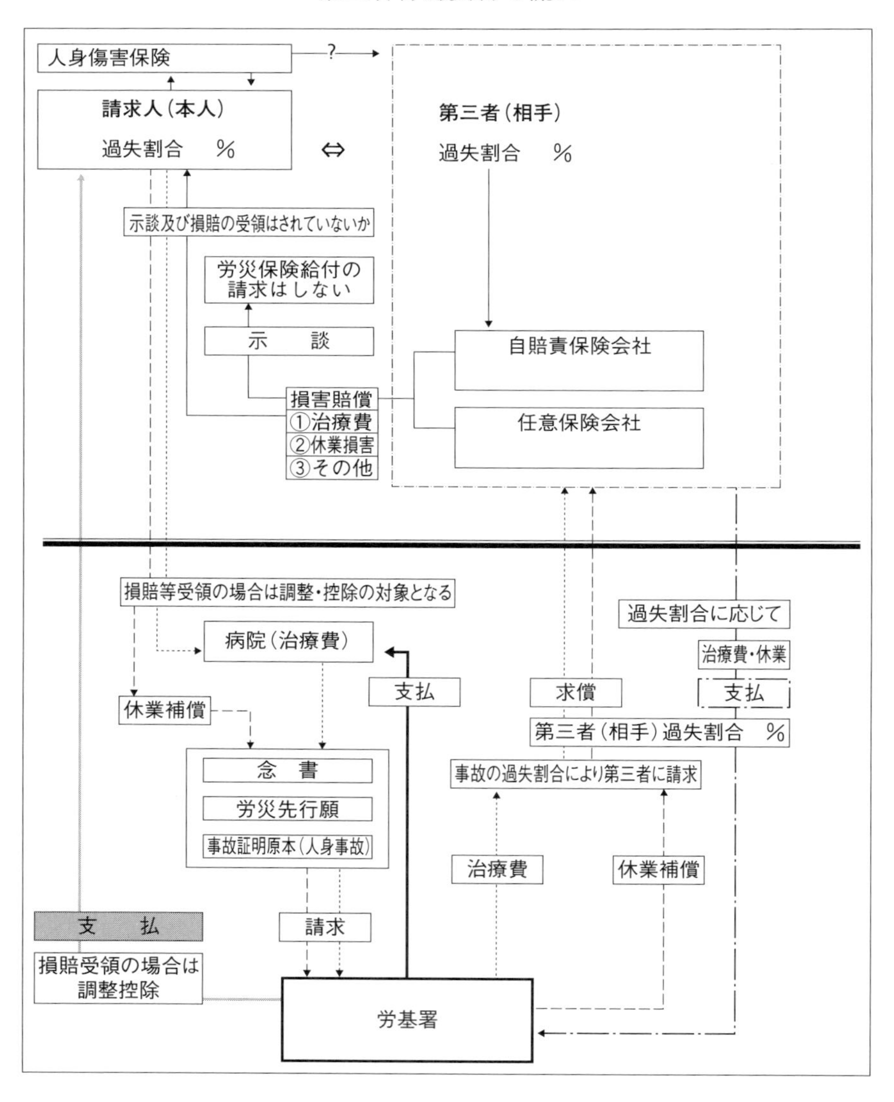
人身傷害保険
?
請求人（本人）
過失割合　％
⇔
第三者（相手）
過失割合　％
示談及び損賠の受領はされていないか
労災保険給付の請求はしない
示　談
自賠責保険会社
損害賠償
①治療費
②休業損害
③その他
任意保険会社
損賠等受領の場合は調整・控除の対象となる
過失割合に応じて
病院（治療費）
治療費・休業
支払
求償
支払
休業補償
第三者（相手）過失割合　％
念　書
事故の過失割合により第三者に請求
労災先行願
事故証明原本（人身事故）
治療費
休業補償
支　払
請求
損賠受領の場合は調整控除
労基署

様式例　第三者行為災害に係る労災保険先行申請書

第三者行為災害に係る
労災保険先行申請書

〇〇〇〇年〇〇月〇〇日文京区本郷３丁目交差点付近において
第三者大木高雄の行為により発生した第三者行為災害（業務災害・
通勤災害）について、下記の事由により労災保険の先行を申請いたします。
なお、併せて下記の事項を遵守することを誓約いたします。

記

1　先行する給付の種類
（1）療養（補償）給付
（2）休業（補償）給付
（3）
2　労災保険を先行する理由
自分の過失が大きく自賠責保険との調整が遅れると見込まれるため。
なお、労災保険先行につきましては、相手方大木高雄と
打ち合わせ済みであることを申し添えます。

遵守事項
1　同一の損害について、自賠責・任意保険または相手方等へ請求はしません。
2　重複して損害賠償を受けた場合には、労災給付分について速やかに返納いたします。

〇〇〇〇年〇〇月〇〇日

保険給付請求人　住　所　川崎市高津区宮前平〇―〇―〇〇
氏　名　佐島陽子　印
事　業　主　所在地　東京都新宿区新宿１丁目〇〇―〇〇
名　称　竹本工業株式会社
代表者　代表取締役　竹本義造　印

〇〇労働基準監督署長　殿

労災先行理由の例としては、次のようなものがあります。
・自分の過失が大きいため
・具体的な過失割合の判断ができないため
・相手方の保険会社からの指導のため
・相手が不明であるため

Q60

通勤災害の手続をしたところ、労基署の担当官から「第三者行為災害届」の提出を求められました。どのようなものでしょうか？

Answer.

加害者のある災害について労基署にある所定の用紙を記載して労基署長に加害者を通知するものです。

第三者行為災害とは、加害者のある災害のことをいいます。

労災保険関係は、保険者たる国（労基署長）と、被保険者である労働者（企業）との間で成立しています。加害者はその外にいるため、「第三者」と表現されています。

交通事故や客からの暴力行為等の被害に対しては、加害者に賠償責任があるので、本来は労災保険給付をする必要はないわけですが、それでは勤務中や通勤途中で被災した労働者の保護に欠けることから、一定の手続のもとで労災保険給付を先行させ、後日、国が第三者（交通事故の場合は保険会社）に求償することとしています。

第三者行為災害届は、労基署長に加害者を通知するという意味があるもので、用紙は労基署にあります。

なお、「第三者行為災害届」を提出する際には、「念書」（様式第１号）と、通勤災害の場合にはさらに「通勤災害に関する事項」（様式第16号）を添付する必要があります。また、前問で触れた「第三者行為災害に係る労災保険先行申請書」も提出することが一般的でしょう。

Q61

工事現場では、新規入場して１週間以内の災害が多いそうですが、交通事故防止としてはどのような対策があるでしょうか？

Answer.

乗り込みマップの作成・配布など、近隣の交通情報を事前に提供してください。

工事現場での災害は、乗り込み後１週間以内に発生しているものが3〜4割を占めるとのデータがあります。なかでも、現場周辺の交通事情に疎いことから、通勤時の交通事故がかなりあるものです。

そこで、交通事故防止の観点から、ゼネコンによっては「乗り込みマップ」を配布しているところもあります。これは、工事現場周辺の一方通行や、右左折禁止、変わった動きをする交通信号機、あるいはスクールゾーンといったものを記載した地図です。特に時間帯によって異なる交通規制がある場合に、これを事前に把握しておき、よく周知することは重要です。

これらを記載した地図を現場乗り込み前によく見ておくことにより、通勤時や機材等を搬入する際等の交通労働災害防止に役立つこととなります。

詳細は、厚生労働省の「交通労働災害防止のためのガイドライン」を参照してください。

Q62

朝、出勤時に現場内の詰め所に向かう途中、昨晩の雪で滑って負傷しました。通勤災害になるでしょうか？

Answer.

なります。ただし、現場敷地内に入っているかどうかにより扱いが変わります。

すでに現場内に入っていれば、業務上災害となります。休業すれば、労働者死傷病報告の提出が必要です。

自宅を出てから現場の入口までの間の災害は通勤災害ですが、現場内に入ると、事業主の指揮下に入っていることから、業務上災害となるものです。

Q63

通勤災害であっても、労災保険給付がされない場合があると聞きました。どのような場合でしょうか？

Answer.

通勤の中断や逸脱があった場合です。

通勤とは、労働者の住居地と勤務先との間の往復をいいます。複数の勤務地（会社が異なる場合を含む。）がある場合に、その間の行き来も通勤となります。

しかしながら、たとえば帰宅途中に映画館に立ち寄るとか、スーパーで買い物をするなどの行為があれば、通勤以外の行為をしていることとなり、時には通勤経路からかなり離れることもあります。これが「中断」または「逸脱」と呼ばれるものです。

労災保険法では、労働者が、通勤として認められる移動の経路を逸脱し、または移動を中断した場合においては、当該逸脱または中断の間及びその後の移動は、「通勤」としないとして、労災保険給付をしない旨定めています（労災保険法第７条第３項）。ただし、当該逸脱または中断の間が、日常生活上必要な行為であって労災保険則で定めるものをやむを得ない事由により行うための最小限度のものである場合は、当該逸脱または中断の間を除き、給付の対象とする（同）としています。

労災保険則では、その対象を次のとおりとする（同則第８条）としています。

1 日用品の購入その他これに準ずる行為

2 職業訓練、学校教育法第１条に規定する学校において行われる教育その他これらに準ずる教育訓練であって職業能力の開発向上に資するものを受ける行為

3 選挙権の行使その他これに準ずる行為
4 病院または診療所において診察または治療を受けることその他これに準ずる行為
5 要介護状態にある配偶者、子、父母、配偶者の父母並びに同居し、かつ、扶養している孫、祖父母及び兄弟姉妹の介護（継続的に又は反復して行われるものに限る。）

これらの行為の最中は通勤災害の補償対象とはなりませんが、その後通常の通勤経路に復帰したところから、再度補償対象となるものです。一般的にいって逸脱は通勤がそこで終了します。中断は通勤への復帰があります。

なお、飲酒は、通勤が終了したものとして扱われますから、要注意です。詳細はP84のコラムを参照してください。

Q64

単身赴任の場合、赴任先居住地と勤務先との往復は通勤となりますが、いわゆる金帰月来で、本来の住居から月曜日の早朝に直接勤務先に出勤するような場合はどうなるのでしょうか？

Answer.

通勤災害の給付対象となります。

労災保険則の改正により、そのような場合も給付の対象とされました。

従来は、単身赴任先の住居地と勤務先の往復に限られていましたが、本来の住居地と赴任先の住居との間の行き来についても通勤として扱われるようになりました。さらに、その後の改正により、本来の住居地から直接勤務先に行く間（その逆を含む。）についても通勤として取り扱われるようになりました（労災保険則第７条）。

Column

飲酒と通勤災害

通勤の中断または逸脱の場合についてはQ&Aで説明しました。通勤の終了もあります。勤務終了後、同僚等と一杯やることがその典型です。

飲酒は、通勤から逸脱するというよりも、そこで通勤が終了したとみなされることになります。

場合によっては、業界団体の総会や賀詞交換会、あるいは労働組合の定期大会等に出席し、懇親会で飲酒することもありましょう。業務として会社を代表して出席していれば、飲酒するのも業務として扱われます。

しかし、労災保険では、基本的に飲酒した後の帰宅途中の災害は、原則として給付しないこととされており、業務として出席したものであって二次会等には参加していないことが条件とされています。

ただし、例外があります。駅のホームで缶ビールを飲む程度のものは除く、とされているのです。また、業務として出席した懇親会も、二次会に行っていなければ業務として扱われる可能性が高いといえます。

Q65

先日、当社施工の現場で被災した労働者の障害認定が行われ、障害等級12級との決定を受けましたが、本人はもっと重いはずで、年金がもらえるはずと主張しています。このような場合、どのような手続があるのでしょうか？

Answer.

まず、都道府県労働局に置かれている労働者災害補償保険審査官に審査請求をすることとなります。

労災保険給付に関しては、労基署長が決定をします。その結果、業務上災害とは認められないとか、通勤災害とは認められないということがあります。また、おたずねのように身体障害等級については、往々にして不服が生じがちです。

このような場合の手続として、審査請求という手続があります。しかしながら、労基署長が決定をする場合と同じ基準を使いますから、新たな何かがないと、労基署長の決定を取り消すということはあまりありません。

審査請求をするのは、労基署長から決定通知書が送達された日の翌日から起算して60日以内にする必要があります。この期間を過ぎると、審査請求を行うことはできません。ただし、天災地変等の正当な理由があって遅れた場合には、期日経過後も受理されます。この場合、理由書の添付が必要です。

次に、労働者災害補償保険審査官の決定に不服がある場合には、東京にある労働保険審査会の労働保険審査官に対し、再審査請求を行うこととなります。この期日も、労働者災害補償保険審査官の審査決定の通知を受けた日の翌日から起算して60日以内とされています。

これらの手続はいずれも無料で行うことができます（郵送料等は別）。また、代理人によることも可能です（委任状の添付が必要です。）。

再審査請求をした結果、その結論に不服がある場合には、行政訴訟を提起することとなります。この場合、原処分をした労基署長を被告として地方裁判所に訴えを起こすわけです。

ところで、審査請求、再審査請求の結論が出るまでに時間がかかることがあります。その場合、結論を待たずに訴訟を起こすことも可能です。

いずれも、訴訟となれば弁護士を雇わないで行うこと（「本人訴訟」といいます。）も可能ですが、雇うのが一般的です。

訴訟費用というのは、裁判所に納める印紙代と切手代であり、金額的にはたいしたことはありません。しかし、弁護士費用は原告が負担するもので、裁判の結果にかかわらず必要となります。審査請求等についての詳細はP134を参照してください。

様式第１号

労働保険審査請求書

１　審査請求人の ｛住所　横浜市中区本町 1-2-3
氏名　山下真之｝

｛住所
名称｝

審査請求人が法人であるときは ｛代表者の住所
代表者の氏名｝

２　代理人によって審査請求をするときは、代理人の
｛住所
氏名｝

３　原処分を受けた者の ｛住所
氏名又は名称｝ 請求人に同じ

４　原処分を受けた者が原処分に係る労働者以外の者であるときは、当該労働者の氏名

５　原処分に係る労働者が給付原因発生当時使用されていた事業場の
｛所在地　川崎市川崎区駅前本町 5-6-7
名称　栗山工業株式会社｝

６　審査請求人が原処分に係る労働者以外の者であるときは、当該労働者との関係

７　原処分をした労働基準監督署長名　横浜南労働基準監督署長

８　原処分のあったことを知った年月日　○○○○年○○月○○日

９　審査請求の趣旨　障害等級７級の認定を求める

10　審査請求の理由　障害等級12級では軽すぎると思われる

11　原処分をした労働基準監督署長の教示の ｛㊒　無
内容｝

12　証拠 ｛審理のための処分を必要とするときは、処分の内容並びにその処分を申し立てる趣旨及び理由｝

13　法第８条第１項に規定する期間の経過後において審査請求をする場合においては、同項ただし書に規定する正当な理由

右のとおり審査請求をする。

○○○○年○○月○○日

審査請求人氏名　山下真之　印

神奈川労働局
労働者災害補償保険審査官　殿

11. 不法就労、食中毒、精神障害等

Q66

当社施工の建築工事現場で労災事故が発生しました。日系人とのふれこみでしたが、事故発生後不法就労であることが判明しました。この場合、労災保険で治療が受けられるでしょうか？

Answer.

受けられます。

労災保険法や労基法などの労働関係法令は、不法就労であるかないかにかかわらず適用されますので、まずは労災保険での治療を進めてください。身体障害が残れば、障害補償給付も受けられます。

不法就労の場合、当該外国人は出入国管理局から国外退去を命ぜられますが、労災保険での治療中となれば、治療が一区切りするまでは強制送還を猶予されることがほとんどです。

労基署では、業務上災害であれば被災者の救済＝労災保険での治療を第一に考え、不法就労であることに関しての処理はしません。それは、出入国管理局の仕事だからです。ただし、災害発生に関して安衛法違反等があればその改善を求めて是正勧告書を交付したり、災害が重く事案が悪質とみれば司法処分（検挙）することがあります。

当該外国人の雇用主が、こういったことや不法就労助長罪の適用をおそれて労災かくしをすることがあります。そのような者を雇用したことから、今後元請から仕事がもらえなくなることをおそれて、ということもあります。

しかし、被災者がある種の労働団体等に駆け込むと、あるいはそのような団体にキャッチされると、その団体から団体交渉を申し入れられ、労災保険の適用だけにとどまらず相当の解決金を要求されることがあります。下手をすると元請どころか発注者のところにまで押しかけて騒ぎ立てることがあります。

不法就労外国人を労働させたことは、入管法違反の行為ではありますが、労災保険での治療をはじめ、当該災害に関して法令違反がなければ、そのような要求に応じる必要はなくなるわけですから、きちんとした対応をすることは重要です。また、法令違反が認められた場合であっても、労基署の処分に従うことは重要です。

なお、労基署の処分が文書交付にとどまったとしても、安全配慮義務違反は残りますから、示談等で解決を図ることに変わりはありません。要は、その種の団体への余計な解決金支払いをいかに避けるかということです。

労災保険での治療のほうが、負傷が治りやすいことは知っておくべきです。

Column

捻挫が3か月治らない

ある大手建設会社の現場で、足場の一段目からとび降りて捻挫した作業員がいました。

その下請会社は元請から事故が多いとにらまれていたこともあり、社長は治療費を現金払いとし、休業分も支払うと約束しました。

ところが、作業員は3か月たっても痛みがひかないため、「まだ現場に出るのはムリ」といったところ、社長は怒り出しました。

実は、あやしんだ病院が、治療費をとりっぱぐれることをおそれて何の治療もしていなかったのです。

被災者からの訴えを聞いた筆者は、その下請を労災かくしで検挙し、検察庁は罰金刑としました。

Column

家を売り払った金で来日するも右手を失う（不法就労泣き笑い）

ある町工場で、不法就労外国人が機械を操作していて右手を手のひらの付け根付近で潰してしまいました。指先程度であれば逃走したのかもしれませんが、これほどの怪我ではそれもかなわず、救急車のお世話になりました。

被災者は20代半ばのアジア系男性で、親の土地を売り払い、片道切符で来日し、故国に仕送りしていたのです。利き腕である右手をほとんどなくし、将来を悲観した顔つきでした。

ところが、障害認定で6級の認定を受け、障害補償年金が受けられることとなりました。「一手の五の手指又は母指を含み四の手指を失つたもの」というわけです。

年金には、前払一時金制度があります。最初にある程度まとまった額を受け取ることを選ぶと、その金額に相当する期間年金支払いを止め、その後に年金支給を再開するという制度です。外国人だと日本政府が送金することとなります。

治療が終わり、帰国する日に労基署に立ち寄りました。そのときの晴れ晴れとした顔は、手を失った悲しさを上回ったようでした。「土地を買い、一族を集めて暮らす」というのでした。

数年後、職員同士でその話になったとき、以前その署の署長を務めていた人が言いました。「あれなあ、その後洪水で全部流されたそうだよ。私が署長のときに前借りさせてくれといってきたんだが、そういう制度はないからなあ」と。

Q67

当社で施工する工事現場で頼んでいた給食会社の弁当が原因で食中毒が発生しました。労災になるでしょうか？

Answer.

業務上災害として労災になります。

業務上災害となるためには、業務起因性と業務遂行性が必要です。昼食をとるのは一般的に休憩時間中です。そのため、たとえば駅ナカやコンビニで自分で弁当を買ってきて現場内で食べて食中毒にかかった場合や、自宅で作ってきた弁当が原因で食中毒になった場合には、労災にはなりません。

しかし、現場周辺に食事場所が少ないなどの理由により、給食会社に弁当をまとめて頼むことがままあります。それが原因で食中毒が発生した場合には、一般に複数労働者が罹患します。

このような場合には、業務起因性と業務遂行性が認められ、食中毒は業務上災害として取り扱われます。要は、社員食堂（事業主の支配下にある）で発生した場合に準じた扱いとなるわけです。

なお、休業を要する場合には、「事業場内で疾病により休業する場合」にあたりますので、労働者死傷病報告をそれぞれの企業（元請、下請とも）が所轄労基署に提出すべきこととなります。

Q68

新型インフルエンザ等の感染症が現場に来ている労働者に発症した場合、労災になるでしょうか？

Answer.

原則としてなりません。

新型インフルエンザのみならず、O157（腸管出血性大腸菌）やノロウイルス、あるいはSARSなどの感染症については、労災になる可能性があるのは基本的に医療機関や介護施設などで働いている人たちです。その場合も、感染経路や職務内容等の調査が必要です。

それ以外の職場では、たとえば風邪をひいた場合に労災にならないのと同様に、基本的には労災にはなりません。

しかしながら、感染の状況において、すでに感染者が現場内にいることが確認できていたのに、感染予防の措置を講じていないなどの状況が明らかとなれば、労災になることもあり得ます。

その場合、感染拡大を防ぐことを怠った元方責任や事業者責任（下請）も問われることとなりましょう。

作業者等の海外旅行や外国人労働者（技能実習生等）の雇用にあたり、感染症が流行している地域との往き来について、工事現場が感染場所になることがないよう注意が必要です。

Q69

当社の施工する工事現場で、入場初日に負傷した者が出ました。噂によると、その人物は以前も初日に怪我をして10日ほど休んだことがあるそうです。もし、わざと怪我をした場合には、労災保険での治療や休業補償は受けられるのでしょうか？

Answer.

わざと怪我をした場合には、労災保険はまったく支給されません。

労災保険法では、保険給付を制限する場合として第12条の2の2に次のように定めています。

1 労働者が、故意に負傷、疾病、障害若しくは死亡またはその直接の原因となった事故を生じさせたときは、政府は、保険給付を行わない。

2 労働者が故意の犯罪行為若しくは重大な過失により、または正当な理由がなくて療養に関する指示に従わないことにより、負傷、疾病、障害若しくは死亡若しくはこれらの原因となった事故を生じさせ、または負傷、疾病若しくは障害の程度を増進させ、若しくはその回復を妨げたときは、政府は、保険給付の全部または一部を行わないことができる。

また、労災補償について基本を定めた労基法においても、「労働者が重大な過失によつて業務上負傷し、又は疾病にかかり、且つ使用者がその過失について行政官庁の認定を受けた場合においては、休業補償又は障害補償を行わなくてもよい。」（第78条）として、業務傷病に関する重大過失認定申請の手続が定められています。

この過失についての認定は、労基則様式第15号により、所轄労基署長から受けなければなりません。この場合においては、「使用者は、同条に規定する重大な過失があつた事実を証明する書面をあわせて提出しなければならない」（労基則第41条）とされています。

なお、この認定申請をしないと労災保険が支払われてしまうというわけではなく、損害賠償をはじめとする事業主の補償責任をのがれるための労基署長の証明という意味があることに留意してください。

様式第15号（第41条関係）

業務傷病に関する重大過失認定申請書

<table>
<tr><td>事業の種類</td><td colspan="3">事　業　の　名　称</td><td colspan="2">事　業　の　所　在　地</td></tr>
<tr><td>重機賃貸業</td><td colspan="3">山本重機工業株式会社</td><td colspan="2">〒 230 － 0073
横浜市鶴見区獅子ケ谷1-2-3
電話　045　（　876　）　5432</td></tr>
<tr><td>労働者氏名</td><td>年齢</td><td>性別</td><td colspan="2">負傷疾病の別</td><td>傷病の部位及び病状</td></tr>
<tr><td>村木邦元</td><td>43</td><td>(男)・女</td><td colspan="2">(負傷)・疾病</td><td>左足膝下切断</td></tr>
<tr><td>傷病発生の原因及び労働者の重大過失と認められる理由</td><td colspan="5">過荷重を検出する安全装置を自分で切って移動式クレーンを運転し、つり荷が重すぎて転倒して負傷したものです。会社は従来から安全装置を切らないよう教育してきました。</td></tr>
</table>

〇〇〇〇年　〇〇月　〇〇日

使用者　職名　代表取締役
　　　　氏名　山本大三郎　　　　印

鶴見　労働基準監督署長　殿

Column

医師が困り切った話（傷が治らない）

その男は、以前も就職した初日に怪我をし、労災保険で治療を受けたことがありました。今回も、機械に自分で手を入れたような噂がありましたが、立証はできず、労災保険で治療することとなりました。休業は必要ないとの医師の判断でしたが、本人は勝手に仕事を休んでいました。これでは、休業補償は受けられません。

1週間ほどして病院の医師から労基署に電話が入りました。「困りますよ、この人。治ってきた傷口を、自分で針でつついて拡げてくるんです。労基署から言ってやめさせてください」と。

労基署には、本人がカップ酒を片手にやってきました。昼間から飲んでいたのです。ごきげんです。当然、我々の話には耳を貸しません。俺はうまいことやったぞと思っていたのでしょうが、やがて少し荒れてきて、署の床に空になったお酒のカップ（ガラス製）をたたきつけました。私は即座に110番しました。

間もなく、近所の交番から警官が2名やってきました。「あ、お前、スズキ（仮名）じゃないか。またお前か。ちょっと来い。」となりました。警察では有名人だったようです。それからは、労基署にはやってこなくなりました。

Q70

当社の社員が精神疾患を患って自殺しました。労災補償はどうなるでしょうか？

Answer.

当該精神疾患にかかったことが業務が主たる原因であれば、自殺も労災補償の対象になります。

労災保険法では、「労働者が、故意に負傷、疾病、障害若しくは死亡またはその直接の原因となった事故を生じさせたときは、政府は、保険給付を行わない。」（第12条の2の2第1項）と定めています。

このため、以前は自殺は労災補償の対象とならないとされていました。しかし、今日では、精神疾患にかかったことにより自殺を押しとどめる正常な精神の働きが阻害された結果としての自殺は、この条文の適用外であるとされています。その上で、当該精神疾患が業務が主たる原因で罹患したものであるならば、その疾病の結果としての自殺も労災補償の対象となるとされています（平11.9.14基発第544号、改正平21.4.6基発第0406001号）。

問題は、業務が主たる原因で精神疾患を発症したといえるかどうかということになりますので、労基署への遺族補償給付請求によりその調査結果を待つことになります。

精神疾患のうち労災補償請求の対象となる疾病は次のもの（特に4と5）です（負傷に起因するものを除く。）。

1 症状性を含む器質性精神障害
2 精神作用物質使用による精神および行動の障害
3 統合失調症、統合失調型障害および妄想性障害
4 気分〔感情〕障害
5 神経症性障害、ストレス関連障害および身体表現性障害

次に、これらの疾病を発症する前の6か月間に、客観的に当該精神障害を発病させるおそれのある業務による強い心理的負荷が認められることが必要です。

また、業務以外の心理的負荷及び個体側要因（本人が持っている要因）によって当該精神障害を発病したとは認められないことが必要です。

個体側要因としては、次のようなことが示されています（前掲通達）。

1　既往歴

精神障害の既往歴が認められる場合には、個体側要因として考慮する。また、治療のための医薬品による副作用についても考慮します。

2　生活史（社会適応状況）

過去の学校生活、職業生活、家庭生活等における適応に困難が認められる場合には、個体側要因として考慮します。

3　アルコール等依存状況

アルコール依存症とは診断できないまでも、軽いアルコール依存傾向でも身体的に不眠、食欲低下、自律神経症状が出たり、逃避的、自棄的衝動から自殺行動に至ることもあるとされていますので、個体側要因として考慮します。過度の賭博の嗜好等破滅的行動傾向も同様に考慮します。

詳細は、労基署にご相談ください。労基署では、平成23年12月26日付け基発1226第1号「心理的負荷による精神障害の認定基準について」により判断されます。

例えば、週40時間労働を基準として発病直前の1か月におおむね160時間を超える時間外労働が行われていた場合、精神障害発症の「強い」要素として扱われます。直前3週間におおむね120時間以上の時間外労働を行った場合も同様です。

Q71

当社の社員から「上司からいじめを受けたため精神障害を発症したので労災請求したい」旨の相談がありました。このような場合も労災補償の対象となるのでしょうか？

Answer.

なる場合があります。

詳細は前問を参照いただくとして、精神障害を発症する原因を探るため、具体的出来事による心理的評価を行うのですが、その29に、⑤対人関係として、「(ひどい）嫌がらせ、いじめ、又は暴行を受けた」と「上司とのトラブルがあった」という具体的出来事があげられています。

そして、それらの内容により心理負荷の強度を評価し、総合評価を行うこととされています。

そのほかに職場環境や人事異動等に関する調査項目があり、労基署の調査を経て労災補償給付がされるかどうかが決まりますので、詳しくは労基署にご相談ください。

第３章
労災事故が発生したらどう対応すればよいか

工事現場で労災事故が発生したら、どのようなことをしなければならないでしょうか。まずは119番。その後、治療をする病院への提出書類、労基署への提出書類等が必要となります。場合によっては、警察署や労基署等の現場検証（立入調査）を受けることもあります。

このような立入調査を避けて通ることはできません。にもかかわらず、無用に恐怖感を持っていることがあるようです。どのような調査を受けるか知っていれば、そのような意識は持たずに済むに違いありません。

また、工事が終わった場合の手続もあります。建設工事の場合には、瑕疵担保や保証工事等、引渡し後1年後や3年後等にダメ直し等が生じる場合がありますが、そこで災害が発生したらどうすればよいのでしょうか。

本章では、これらの事項についてQ&Aを設け、次の構成となっています。

1. 電話で一報（本社等）
2. 病院に提出する書類
3. 労働基準監督署へ提出する書類等
4. 工事終了後の労災事故の扱い

1. 電話で一報（本社等）

Q72

工事現場で労災事故が発生した場合には、どのようなことをすべきでしょうか？

Answer.

まずは、119番通報です。直ちに行うべきことと、事前に行っておくべきことがあります。

あらかじめ現場にいる何人かの労働者または事業主等に救急法を習得さ

せておくべきでしょう。重大な負傷等の場合には、初期の応急手当が生死を分けることがあり重要です。

救急車で病院に搬送する際は、必ず誰か付き添いを付ける必要があります。負傷の程度によっては、救急車を待つ間に病院に搬送したほうがよいこともあり得ますが、判断は難しいところです。

次に、警察署（刑事課）と労基署に電話で災害発生状況等について連絡すると共に、元請の本社（または支店）、発注者（施主）等にも連絡をします。火災・爆発や酸欠事故の場合には、消防署への連絡も必要です。

感電、ガス漏れ、水道管破裂といった場合には、電力会社、ガス会社または上下水道局等への連絡も至急を要します。公道上にクレーンや鉄骨等が倒壊した場合には、道路を所管する官公庁への連絡も必要です。

労災事故発生の通報を受けると、警察署や労基署が立入調査をする場合がありますので、現場の保全等について指示を仰いでおくべきです。事故原因究明のため、現場をいじらないことが重要ですが、倒壊等のおそれがあり、二次災害発生の可能性がある場合には、その旨説明をして安全確保を優先するか現場の保全を優先するかの指示を受けておく必要があります。

警察署も労基署も、立入調査にあたっては現場側の者の立ち会いを求められますので、誰もいなくなることを避け、状況の説明ができる者（目撃者等）をあてるべきです。現場所長かその次の者に、当該下請の職長（安全衛生責任者）がつくというのが理想です。

Q73

緊急時の連絡先一覧表をどのように作るべきでしょうか？

Answer.

一覧表にして現場事務所のわかりやすい場所に掲示しておきます。

Q72にありますように、工事現場を管轄する官庁等について、網羅しておく必要があります。

1 警察署

2 消防署
3 労働基準監督署
4 電力会社
5 ガス会社
6 上下水道局
7 元請の店社（安全衛生部署。場合によっては担当者の携帯電話。会社によっては、社長の緊急用携帯電話）
8 発注者の窓口（場合によっては担当者の携帯電話）
9 道路その他の現場周辺施設管理者

特に地山の掘削をする場合、電線や上下水道やガス管などの地中埋設物の情報をあらかじめ得ておく必要もあり、万一の場合に備えて緊急連絡先を把握しておく必要があります。

なお、時としてこれらの官公庁等が移転している場合もありますので、その点を着工前に確認しておくことが望まれます。

夜間の場合は、それぞれの留守電に簡単な状況説明をして連絡先と担当者名を告げておくと、後で問い合わせができます。

職長クラスの方々の携帯電話に登録しておくとよいでしょう。

2. 病院に提出する書類

Q74

当社の施工する工事現場で労災事故が発生しました。病院から労災保険の書類を提出するようにいわれましたが、どのような書類を提出するのでしょうか？

Answer.

「療養補償給付たる療養の給付請求書」（告示様式第５号）です。

これは、指定病院で療養（治療）を受ける場合に、その病院に提出する書類です。その日に提出できなくて何日か後になることもありますので、その旨病院に説明しておきましょう。「労災保険で」と言うことが重要です。

この書類の記載事項のうち、「事業の名称」、「事業場の所在地」と「事業主の氏名」欄は、元請が記載して代表者の押印をします。「事業の名称」は会社名（JVの場合にはその名称）と工事名称を記載します。

その下の「労働者の所属事業場の名称・所在地」欄に、被災労働者が所属する事業場（下請企業）の名称とその事務所所在地を記載します。

これを、治療を受ける指定病院に提出することにより、病院はその費用を元請等から徴収することなく、労基署に請求できるようになるものです。

Q75

当社の施工する工事現場で、3次下請の労働者が労災事故に遭いました。病院や労基署に提出する書類の事業主証明は、どの会社が行うのでしょうか？

Answer.

元請です。

建設事業の労災保険は、元請が工事全体について労災保険関係を成立させます。労基法第87条第1項では、「建設業が数次の請負によって行われる場合においては、災害補償については、その元請負人を使用者とみなす。」と規定しており、労災保険法上もそのようになっています。

なお、「療養補償給付たる療養の請求書」や「休業補償給付請求書」とも、事業主証明の欄と当該労働者（被災者）が所属する事業場（下請会社）を記載する欄とがありますので、その両方の記載が必要です。

Q76

当社の施工する工事現場で労災事故が発生しました。最寄りの病院に搬送したのですが、その病院は労災指定病院ではありませんでした。この場合、どのような手続が必要でしょうか？

Answer.

必ず領収証をもらってください。

療養費（治療費）を一時立て替えて現金で支払い、労基署に「療養補償給付たる療養の費用請求書」（告示様式第７号）を提出してください。後日、指定の口座に労基署から振り込まれます。

ところで、療養の内容によりその費用請求書の様式が異なりますので、注意してください。

1 告示様式第７号の(1)　病院において治療を受けたとき
2 告示様式第７号の(2)　薬局から薬剤の支給を受けたとき
3 告示様式第７号の(3)　柔道整復師の治療を受けたとき
4 告示様式第７号の(4)　あん摩マッサージ指圧師・はり師・きゅう師から施術を受けたとき
5 告示様式第７号の(5)　訪問看護を受けたとき

なお、通勤災害の場合は様式が異なる（告示様式第16号の5）ことに注意が必要です。

Q77

現場近くの病院で治療を受けている労働者がいるのですが、指定病院でないことと、病状がよくなってきたので、自宅近くの病院に移りたいと本人が言っています。どのような手続が必要でしょうか？

Answer.

「療養補償給付たる療養の給付を受ける指定病院等（変更）届」（告示様式第６号）を新たに受診する病院等に提出します。

現在受診している病院には事前にその旨説明し、必要に応じて紹介状を書いてもらうとよいでしょう。

なお、通勤災害の場合は様式が異なる（告示様式第16号の4）ことに注意が必要です。

Q78

労基署から医師の診断書の提出が求められました。病院では診断書は有料とのことでしたが、診断書料は労災保険から支払われるのでしょうか？

Answer.

支払われます。

病院で診断書料を支払った上で、その領収書を添付して「療養補償給付たる療養の費用請求書」（告示様式第７号）を用いて、労基署に診断書料の請求をしてください。

なお、実費額を限度としますが、その上限は4,000円までとされているので、診療機関によっては、それを上回る金額を請求されることがあるかもしれません。また、診断書料に消費税が記載されている場合、その消費税分は自己負担となります。

Q79

労災で治療している病院への通院費も労災保険から支給されるのでしょうか？

Answer.

原則として片道２キロメートル以上であれば支払われます。

通院費が支給されるためには、通院が、住居地または勤務地から、原則として、片道２キロメートル以上の通院であって、次の１から３のいずれかに該当するものでなければなりません（2008年11月1日改正）。

1 同一市町村内の医療機関へ通院したとき
2 同一市町村内に適切な医療機関がないため、隣接する市町村内の医療機関へ通院したとき（同一市町村内に適切な医療機関があっても、隣接する市町村内の医療機関のほうが通院しやすいとき等も含まれます。）
3 同一市町村及び隣接する市町村内に適切な医療機関がないため、それらの市町村を超えた最寄りの医療機関へ通院したとき

これらの要件を満たす場合に通院費の支給を受けるためには、原則として通院に要した費用の額を証明する書類を添付の上、「療養（補償）給付たる療養の費用請求書」（告示様式第７号（業務災害用）または告示様式第16号の５（通勤災害用））により労基署への請求を別途しなければなりません。

3. 労働基準監督署へ提出する書類等

Q80

労災事故等が発生した場合、労働者死傷病報告を遅滞なく提出しなければならないと聞きました。「遅滞なく」とはいつまでをいうのでしょうか？

Answer.

「遅延することについて正当な理由がある場合を除き直ちに」の意味です。

行政法令には、安衛法に限らず、税法をはじめ多くの法令があり、それらの中には報告を求める規定が多数あります。期日を定める「遅滞なく」の意味については、法令に特段の定義を定める規定はなく、解釈を示す通達もありません。

それは、従来から、行政法における解釈として前述のとおり解されており、特段の異論がないからです。

「合理的な理由」としては、たとえば同報告の様式中の「休業見込日数」について医療機関から「めどが立つまで答えられない」といわれているとか、「災害発生の原因」が警察署や労基署等で調査中であり記載できない、といった場合がありましょう。そのような場合には、所轄労基署に労働者死傷病報告の提出が遅れることについて相談しておくべきです。

Q81

当社の社員が本社から工事現場に車で向かう途中、交通事故に遭いました。幸い軽傷で５日の休業で済み、相手方の保険との調整により、治療費をはじめすべて自賠責保険だけで終わりました。この場合、労災保険を使っていないので、労働者死傷病報告を提出しなくてもよいと思うのですが、いかがでしょうか？

Answer.

遅滞なく労働者死傷病報告を労基署に提出しなければなりません。

労働者死傷病報告について、安衛則第97条第１項は、「事業者は、労働者が労働災害その他就業中又は事業場内若しくはその附属建設物内における負傷、窒息又は急性中毒により死亡し、又は休業したときは、遅滞なく、様式第23号による報告書を所轄労働基準監督署長に提出しなければならない。」と規定しています。

ここでは、労災保険を使うか使わないかについて触れていませんから、これに該当すれば提出が必要です。

すなわち、

労働者が	就業中 事業場内 事業場の附属建設物内	で	負傷 窒息 急性中毒	により	死亡 休業	した

場合には、労働者死傷病報告を提出しなければならないものです。

また、「労働災害その他」としているのは、化学物質による中毒や過労死等のように、相当の調査の結果業務上（労災になる）かどうかの結論が出る場合があるので、その前に報告を必要とし、労基署が速やかな立入調査を必要とするかどうかの判断材料とするという意味があります。

Q82

当社の労働者が自宅から工事現場に行くのに、職長の車に３人乗り合わせて交通事故に遭いました。この場合、通勤災害なので労働者死傷病報告の提出は必要ないということでよいでしょうか？

Answer.

その場合は労働者死傷病報告の提出が必要です。

確かに通勤災害は労働者死傷病報告の提出を要しません。しかし、通勤途中における災害であっても、業務上災害となる場合があります。会社が提供する通勤用バスに乗車中の事故の場合等です。

おたずねのマイカーに乗り合いでの通勤は、業務上災害となる可能性が高いので、労働者死傷病報告を提出しておくべきです。

１人でマイカーを利用して通勤する途中での災害は、通勤災害です。しかし、会社の車を通勤に利用する場合は業務上災害となります。また、マイカーであっても、通勤の便を考えて乗り合いで行くような場合には、業務上災害となることが多いものですから注意が必要です。業務で使用する物品を載せている場合も同様です。

Q83

労災事故で被災労働者が休業（仕事を休んだ）した場合、その分の補償を請求するにはどのようにしたらよいでしょうか？

Answer.

「休業補償給付支給請求書、休業特別支給金支給申請書」（告示様式第８号）を所轄労基署に提出します。

休業３日までは事業主（元請）負担ですから、４日以上休業した場合に、この請求書を提出します。初回と２回目以降の様式が違います。初回分は、平均賃金を計算するため、過去３か月の賃金支払実績を記載するページがあります。

休業補償は、平均賃金を元に給付基礎日額が算定され、その60%が支払われます。また、20%の特別支給金が支払われますから、およそ80%が支払われることになります。これは手取り相当額です。しかも、非課税とされています（労災保険法第12条の6）。

請求書を出す時期ですが、休業が終了した後遅滞なく提出することになります。ただし、休業が長期（1か月以上）にわたる場合（予定を含む。）には、賃金締切日経過後等適当な時期ごとに提出することとなります。提出時期について特に制限はないので、たとえば3か月分まとめて提出してもかまいません。

Column

工事現場で全盲の労働者が負傷？

あるとき、ある工事現場から労災保険の治療費の請求が労基署に提出されてきました。病院からのレセプト（治療内容を書いた書類）によると、被災労働者は全盲とあります。全盲の労働者が工事現場で何をしていたのでしょうか。

会社側を呼んで事情聴取をしたところ、工事のための機材を舗道上に積んでいたところ、全盲の通行人がそれにつまずいて負傷したため、治療費を現場側が持つこととなりました。現場の責任者は、工事に関係した負傷はすべて労災保険でまかなうものと思い込んでいたため、何の疑問もなく手続をして、労災請求したとのことでした。

このままでは労災保険の不正受給であり、保険金詐欺となるところでした。現場の担当者は悪意があったわけではなかったようでしたが、本社関係者は平謝り、なぜこのようなことになったのか、教育の不備を詫びていました。本社も労基署からの連絡があるまで、そのことがあったことは知らなかったようでした。

結局、労災保険給付は全額回収し、社長名の念書を取り、刑事告発はしないこととなりました。

労災保険に関する社内教育の重要性を感じさせた事件でした。

Q84

労災で仕事を休んだ場合、最初の３日分は労災から出ないので事業主負担と聞きましたが、本当でしょうか？

Answer.

本当です。

労災保険法第14条で、休業補償給付は、「業務上の負傷又は疾病による療養のため労働することができないために賃金を受けない日の第4日目から支給する」と定めています。

最初の3日分については、労災保険法に特段の定めはありません。この点については労基法第76条第1項において、「労働者が前条の規定による療養のため、労働することができないために賃金を受けない場合においては、使用者は、労働者の療養中平均賃金の100分の60の休業補償を行わなければならない。」と規定しており、「4日目以降」との記載がないのですべての日数について補償責任を定めたものということになります。

また、同法第84条第1項では、「この法律に規定する災害補償の事由について、労働者災害補償保険法又は厚生労働省令で指定する法令に基づいてこの法律の災害補償に相当する給付が行なわれるべきものである場合においては、使用者は、補償の責を免れる。」と規定しているので、労災保険給付がされた部分は補償しなくてよい旨定めています。

その結果、労災保険から出ない最初の3日分は、事業主に支払義務があるということになります。建設業の場合には、元請を使用者とみなす（同法第87条第1項）と定めていますから、労基法上は元請に支払義務があることとなります（文書により下請の了解を得た場合を除く。）。

なお、1日の途中で被災して入院した場合、すでに平均賃金の6割以上にあたる業務を行った後であれば、翌日から起算します。ずい道工事等交替制勤務で通し勤務のときや深夜零時をまたぐ勤務のときなど、判断に困る場合は労基署に相談してください。

Q85

労働者死傷病報告を提出した後、あるいは特段のことがなくても労基署の現場への立入調査がありますが、どのような目的でどのようなことを調べるのでしょうか？

Answer.

法令違反の有無を調べると共に、労働災害発生の可能性を低くすることが目的です。そのため、現場の状況と共に、元請の統括管理状況を調べます。

労基署の監督官や安全専門官あるいは厚生労働技官が工事現場へ立入調査に入るのは、現場内で法令違反が放置されていないかどうか、労働災害防止に関する自主的活動がきちんと行われているかどうか、といったことを調査することを目的としています。労働災害発生を契機とするものと、そうでない場合とがありますので、それぞれについて説明すると次のようになります。

1　労働災害発生を契機とする場合

立入調査の目的は次のようになります。

(1) 労働災害防止に関し、法令違反がないか。

(2) 届け出た計画届と違う工事をしていないか。

(3) 自主的安全衛生管理を進めているか。

(4) 安全衛生に関する（いわゆる）手抜き工事がないか。

そして、安衛法令等に関する違反が認められれば、是正勧告書や指導票の交付（行政指導）、使用停止等命令書の交付（行政処分）を行います。死亡災害や重傷事故等の重大災害や、人災がない場合であっても足場やクレーンの倒壊など重大な社会的問題として社会的に注目される災害の場合には、司法処分（検挙）となることもあります。

ところで、労働者死傷病報告が提出された場合には、当該労災事故が法令違反に基づくものであるかどうかを主目的に調査をしますが、それだけではなく、場合によってはその災害発生に関わった機械等に、メーカー段階での問題があるかもしれません。設計ミスや品質管理上の問題が確認されれば、必要に応じメーカーに対して製造段階での安全対策を労基署から求める場合もあります。また、内容によっては、後日法令改正につながることもあります。

次に、現場における安全衛生協議会（災防協）や安全朝礼あるいはKYT（危険予知訓練）等が適切に実施されているかどうかということも調べます。

工事に関する計画届（型枠支保工、足場、地山掘削、施工計画等）を提出した場合には、その計画届の内容どおりに施工されているかどうか、養生などの災害防止に関する手抜きがないかどうかを確認することとなります。

以上の結果によっては、司法処分となる場合もありますが、併せて本社や支店といった店社に対する行政指導等に発展することもあります。

2　災害発生がない場合

(1) 工事施工に関し、法令違反がないか。

(2) 届け出た計画届と違う工事をしていないか。

(3) 自主的安全衛生管理を進めているか。

(4) 安全衛生に関する（いわゆる）手抜き工事がないか。

労基署は、労働災害を減少させることを主要な行政目的の一つとしています。その目的達成のための立入調査です。是正勧告書等の内容には、本社から予算が出なかった事項について指摘されることもあり、予算確保の契機となることもあります。場合によっては、現場職員等の人員の増加を求められることもありましょう。

なお、重大な災害が発生した場合や災害は発生していないものの悪質な法違反を繰り返しているといった場合には、行政指導ではなく、即時司法処分となることがありますが、災害が発生していない場合には、行政指導と使用停止等命令の処分にとどまることが多いものです。

したがって、災害発生を未然に防ぐため、現場に欠けているものを教えてもらうという姿勢で臨むことがよいでしょう。会社側に改善を求め、予算を請求する絶好の機会ととらえることがよい結果をもたらします。また、場合によっては発注者に対する協議のきっかけとなることもあるでしょう。

Q86

建設工事現場において死亡災害が発生した場合に、労基署の担当官から「司法事件」とか「司法処分」という言葉を聞くことがありますが、どのような意味でしょうか？

Answer.

法令違反で検挙するという意味です。

つまり、安衛法違反または労基法違反容疑で検察庁に送検するという意味です。送検とは、事件を検察庁に送るという意味で、書類一式と証拠物とを送ります。労基署では一般的には「書類送検」といい、容疑者の逮捕を伴わないで送致します。

死亡災害その他の重大な災害が発生した場合、労基署は、その原因として安衛法違反または労基法違反がなかったかどうかを調べます。そして、違反の疑いが濃いとなると、検挙することとなります。この手続が「司法処分」であり、「是正勧告書」や「指導票」の交付といった行政指導や、「使用停止等命令」という行政処分と異なります。

行政指導	是正勧告書、指導票の交付
行政処分	使用停止命令、作業停止命令、変更命令、緊急命令
司法処分	安衛法（または労基法）違反容疑で事件送致

その際、労基署の監督官が司法警察員として刑事訴訟法に則った手続をすることから、これを「司法事件」とか「司法処分」と呼んでいるものです。

警察は、災害発生現場において、一般的には業務上過失致死傷罪について捜査を行うもので、安衛法違反または労基法違反について捜査することはあまりありません。

ところで、業務上過失致死傷罪は、職長等の責任者個人の刑事責任を問いますが、刑法には両罰規定がありませんので、法人の刑事責任が問われることはまずありません。

これに対し、安衛法違反と労基法違反はいずれも両罰規定がありますから、法人が違反防止措置を尽くしたとの立証をしない限り、自動的に当該違反行為をした個人と共に法人も罰則の適用を受けます。

注意しなければならないのは、安衛法には労働災害を発生させてはならないという規定はなく、労働災害発生のおそれがある場合に一定の措置を講ずべき旨定めています。そのため、労働災害（人身事故）が発生していない場合であっても、悪質な法違反があると判断されると、行政指導ではなく司法処分となることがあります。

労基署から相当悪質と見られると、捜索令状（正式には「捜索差押許可状」といいます。）を取って本社や現場事務所等を家宅捜索される場合がありますし、逮捕ともなると「身柄事件」となりますので、注意が必要です。

監督官が司法警察員の職務を行うことについては、労基法第102条、安衛法第92条などに定められています。このような公務員は、ほかに皇宮護衛官、海上保安官、麻薬取締官などがあります。

Q87

当社施工の工事現場で、労災事故が発生したとの報告がありました。しかし、目撃者がいないなど疑問点が多いので、事業主証明をしたくないのですが、そのようなことは可能でしょうか？

Answer.

可能です。

労災事故発生の場合、治療には告示様式第5号（療養補償給付たる療養の給付請求書）や告示様式第8号（休業補償給付支給請求書）に事業主証明が必要であり、そのための記載欄があります。建設業の場合には、元請が記載して事業主証明をし、被災者の所属する会社名も記載するようになっています。

しかし、その発生状況等によっては、事業主として業務上災害と認めたくないということもありましょう。そのような場合には、その旨の書面（様式は定められていません。次ページ参照。）を添付するか、別途所轄労基署に持参してその顚末を説明するなどにより、証明しないことができます。

労基署は、事業主証明があるものは、業務上災害の可能性が高いと判断しますが、無審査で認めるわけではなく、必要に応じて調査をします。

逆に、事業主証明がないからといって業務外と判断するわけではなく、一定の調査を行って、その結果により業務上外の判断をします。

したがって、証明したくない事情を労基署にきちんと伝えることが重要です。次の記載例を参考にしてください。

理　由　書

○○○○年○○月○○日発生の、労働者大川大輔にかかる災害については、目撃者がいないなど不審な点が多いことから、当社としては事業主証明をしかねますので、上申いたします。

なお、貴労働基準監督署の調査に協力するとともに、その決定結果については、従うことを誓約いたします。

○○○○年○○月○○日
○○労働基準監督署長殿

山田建設株式会社
東京都八王子市○○ 1-2-3
大手町マンション新築工事
代表取締役　山田八郎　　印

Q88

当社の施工する工事現場において先日発生した災害に関し、事業主としての意見を労基署に申し立てることは可能でしょうか？

Answer.

可能です。

労災保険則では、事業主の意見申出としてその第23条の2において、「事業主は、当該事業主の事業に係る業務災害又は通勤災害に関する保険給付の請求について、所轄労働基準監督署長に意見を申し出ることができる。」と定めています。

その手続としては、次に掲げる事項を記載した書面を所轄労基署長に提出することにより行うこととされています。特に定まった様式はありませんが、次ページの記載例を参考としてください。

1 労働保険番号
2 事業主の氏名または名称及び住所または所在地
3 業務災害または通勤災害を被った労働者の氏名及び生年月日
4 労働者の負傷もしくは発病または死亡の年月日
5 事業主の意見

一般的に、事業主が意見を申し出るのは、業務上と認めたくない場合が多いと考えられますが、特にどのような場合に意見を申し出るかを制限していません。業務上と認めてほしいとの意見もあり得ます。

労基署長は、業務上外の決定にあたり事業主の意見に拘束されませんが、会社側が業務上と認めたくない理由がある場合には、この段階で意見を申し出ておくことは重要です。

なぜなら、労災保険において業務上の災害または業務上の疾病と認定されると、事業主の安全配慮義務違反が推定されることが多いことから、その後被災労働者から民事訴訟による損害賠償請求が起こされた場合に影響が生じるからです。

すなわち、労基署段階で意見申出をしておかないと、民事訴訟段階で反論しても遅い場合がままあるからです。その結果として、事業主責任が大きく認定された判決となりがちです。

したがって、事業主として主張すべき事項があるのであれば、労基署で業務上外の決定をするための調査段階で申し出ておくべきでしょう。

意　　見　　書

渋谷労働基準監督署長　殿

○○○○年○○月○○日

1　労働保険番号　　13-1-01-865432-324

2　事業主の氏名または名称及び住所または所在地

東京都世田谷区奥沢 1-2-3

世田谷建設株式会社

代表取締役　大成出郎　印

3　業務災害または通勤災害を被った労働者の氏名及び生年月日

吉本大三郎　1978 年 4 月 5 日生

4　労働者の負傷もしくは発病または死亡の年月日

○○○○年○月○日、東京都渋谷区本町 6-5-4 大杉マンション新築工事現場において、左足首を捻挫した。

5　事業主の意見

目撃者がなく、元々左足首に持病があったとの噂があり、現場での事故が原因の負傷と思われません。

Q89

当社施工の現場で労災事故により休業し療養中の労働者がいます。療養の費用と休業補償を会社で立替払をし、当社が労基署からのお金を受領するには、どのような手続が必要でしょうか？

Answer.

所轄労基署に労災保険金受任届を提出します。

労災保険による治療は、指定病院で受けるのが原則ですが、被災時の状況により、たとえば近くに指定病院がない等により、とりあえず指定病院でない病院等で治療を受ける場合があります。この場合、被災した労働者本人または事業主が治療費を立て替えて支払った後、所轄労基署長に「療養補償給付たる療養の費用請求書」（告示様式第７号）を提出して立て替えた分の支払いを求めることになります。治療費が高額となる場合には、労働者本人が立て替えて払うのは困難な場合があります。

また、休業補償給付は、被災労働者が休業後一定期間経過した後に「休業補償給付支給請求書」（告示様式第８号）による請求手続をしてからある程度の日数が経過して給付されるため、労働者の手元に入るまでに相当の日数がかかることが多いものです。そうなると労働者の生活に多大な影響を及ぼすため、事業主が立て替えて支払っておくことがありますし、そのほうが望ましいともいえます。

以上のような場合に、事業主があらかじめ立て替えておいた分の労災保険給付を受け取るために必要な届出書類がこの労災保険金受任届です。

労災保険金受任届

労働保険番号	1 4 3 0 1 6 8 5 3 2 1 0 1 3	振込希望 金融機関	横浜銀行　山下支店 信金 農協	
フ リ ガ ナ 口 座 名 義 人	サカイヨシロウ 酒　井　吉　郎	預金種類 口座番号	普通 当座	0 8 5 3 2 1 0

受任者（事業主及び労災保険法施行規則第３条の代理人）
職氏名　現場代理人　酒井吉郎

当事業場にかかる労働災害補償保険の療養・休業（補償）給付金については、下記により私が受任者として領収しますので、お届けします。

記

1　当該保険給付の立替払いを行っていること。
2　領収書の印鑑は、当該請求書の証明印を使用すること。
3　本件に関し発生した事故については、私が一切の責任を負うこと。

○○○○年○○月○○日
事業場住所　横浜市中区本牧○○ー○○ー○○
事業場名称　吉本建設株式会社
事業主氏名　吉本徳三郎　　　　印

資金前渡官吏
横浜南労働基準監督署長　殿

Q90

労働者の重大な過失により災害が発生した場合には、事業主は労災補償責任が免除される制度があると聞きましたが、どのような制度でしょうか？

Answer.

労基法に定める「重大過失認定申請」です。

労災補償責任は、労基法第75条第1項で「労働者が業務上負傷し、又は疾病にかかつた場合においては、使用者は、その費用で必要な療養を行い、又は必要な療養の費用を負担しなければならない。」とあるように、本来無過失責任、つまり事業主に落ち度がなくても補償する義務があるものです。

しかしながら、労基法第78条では、「労働者が重大な過失によつて業務上負傷し、又は疾病にかかり、且つ使用者がその過失について行政官庁の認定を受けた場合においては、休業補償又は障害補償を行わなくてもよい。」と定めています。労働者がわざと怪我をしたに等しいような場合にまで、事業主に補償責任を負わせるべきではないとの考え方です。

これを受けて労基則第41条では、「法第78条の規定による認定は、様式第15号により、所轄労働基準監督署長から受けなければならない。この場合においては、使用者は、同条に規定する重大な過失があつた事実を証明する書面をあわせて提出しなければならない。」と定めています。

「重大な過失」とは、わざと怪我をしたといってもいいような程度の重い過失をいいます。労働者がほんのちょっとした注意をすれば、その怪我や疾病が防げたのに、それを怠った場合ということになります。

具体的には、直接労基署に出向いて相談したほうがよいでしょう。

様式はP93を参照してください。

Q91

当社施工の工事現場で負傷した労働者がいます。治療はおおむね終了したようですが、左手薬指の第一関節から先を切断しています。どのような手続が必要でしょうか？

Answer.

身体障害について、労災補償給付を請求する手続が必要です。

業務上災害の場合は「障害補償給付支給請求書」（告示様式第10号）を、通勤災害の場合は「障害給付支給請求書」（告示様式第16号の7）に医師の診断書などを添えて、所轄労基署に提出します。

労働者が負傷し、身体障害が残った場合には、障害（補償）給付が受けられます。身体障害は、もっとも軽い14級からもっとも重い1級までに分かれ、1級から7級は障害（補償）年金に、8級から14級は障害（補償）一時金となります。

請求書を提出すると、労基署から障害認定日の通知が本人あてに来るので、その日に本人を労基署に行かせます。労基署では、認定医の立ち会いの下、労災担当官とで障害部位を確認し、障害等級を決定します。

障害（補償）給付は次のとおりです。このほかに特別支給金が支給されます。

身体障害等級	給付額	
第1級	平均賃金の313日分	年金↑
第2級	平均賃金の277日分	
第3級	平均賃金の245日分	
第4級	平均賃金の213日分	
第5級	平均賃金の184日分	
第6級	平均賃金の156日分	
第7級	平均賃金の131日分	
第8級	平均賃金の503日分	↓一時金
第9級	平均賃金の391日分	
第10級	平均賃金の302日分	
第11級	平均賃金の223日分	
第12級	平均賃金の156日分	
第13級	平均賃金の101日分	
第14級	平均賃金の 56日分	

労働者災害補償保険法施行規則
別表第一　障害等級表

（平成23年4月1日施行）

障害等級	給付の内容	身体障害
第一級	当該障害の存する期間1年につき給付基礎日額の313日分	一　両眼が失明したもの 二　そしやく及び言語の機能を廃したもの 三　神経系統の機能又は精神に著しい障害を残し、常に介護を要するもの 四　胸腹部臓器の機能に著しい障害を残し、常に介護を要するもの 五　削除 六　両上肢をひじ関節以上で失つたもの 七　両上肢の用を全廃したもの 八　両下肢をひざ関節以上で失つたもの 九　両下肢の用を全廃したもの
		一　一眼が失明し、他眼の視力が〇・〇二以下になつたもの 二　両眼の視力が〇・〇二以下になつたもの

第二級	同277日分	二の二　神経系統の機能又は精神に著しい障害を残し、随時介護を要するもの 二の三　胸腹部臓器の機能に著しい障害を残し、随時介護を要するもの 三　両上肢を手関節以上で失つたもの 四　両下肢を足関節以上で失つたもの
第三級	同245日分	一　一眼が失明し、他眼の視力が〇・〇六以下になつたもの 二　そしやく又は言語の機能を廃したもの 三　神経系統の機能又は精神に著しい障害を残し、終身労務に服することができないもの 四　胸腹部臓器の機能に著しい障害を残し、終身労務に服することができないもの 五　両手の手指の全部を失つたもの
第四級	同213日分	一　両眼の視力が〇・〇六以下になつたもの 二　そしやく及び言語の機能に著しい障害を残すもの 三　両耳の聴力を全く失つたもの 四　一上肢をひじ関節以上で失つたもの 五　一下肢をひざ関節以上で失つたもの 六　両手の手指の全部の用を廃したもの 七　両足をリスフラン関節以上で失つたもの
第五級	同184日分	一　一眼が失明し、他眼の視力が〇・一以下になつたもの 一の二　神経系統の機能又は精神に著しい障害を残し、特に軽易な労務以外の労務に服することができないもの 一の三　胸腹部臓器の機能に著しい障害を残し、特に軽易な労務以外の労務に服することができないもの 二　一上肢を手関節以上で失つたもの 三　一下肢を足関節以上で失つたもの 四　一上肢の用を全廃したもの 五　一下肢の用を全廃したもの 六　両足の足指の全部を失つたもの
第六級	同156日分	一　両眼の視力が〇・一以下になつたもの 二　そしやく又は言語の機能に著しい障害を残すもの 三　両耳の聴力が耳に接しなければ大声を解することができない程度になつたもの 三の二　一耳の聴力を全く失い、他耳の聴力が四十センチメートル以上の距離では普通の話声を解することができない程度になつたもの 四　せき柱に著しい変形又は運動障害を残すもの 五　一上肢の三大関節中の二関節の用を廃したもの 六　一下肢の三大関節中の二関節の用を廃したもの 七　一手の五の手指又は母指を含み四の手指を失つたもの
		一　一眼が失明し、他眼の視力が〇・六以下になつたもの 二　両耳の聴力が四十センチメートル以上の距離では普通の話声を解することができない程度になつたもの 二の二　一耳の聴力を全く失い、他耳の聴力が一メートル

第七級	同131日分	以上の距離では普通の話声を解することができない程度になつたもの 三　神経系統の機能又は精神に障害を残し、軽易な労務以外の労務に服することができないもの 四　削除 五　胸腹部臓器の機能に障害を残し、軽易な労務以外の労務に服することができないもの 六　一手の母指を含み三の手指又は母指以外の四の手指を失つたもの 七　一手の五の手指又は母指を含み四の手指の用を廃したもの 八　一足をリスフラン関節以上で失つたもの 九　一上肢に偽関節を残し、著しい運動障害を残すもの 一〇　一下肢に偽関節を残し、著しい運動障害を残すもの 一一　両足の足指の全部の用を廃したもの 一二　外貌に著しい醜状を残すもの 一三　両側のこう丸を失つたもの
第八級	給付基礎日額の503日分	一　一眼が失明し、又は一眼の視力が〇・〇二以下になつたもの 二　せき柱に運動障害を残すもの 三　一手の母指を含み二の手指又は母指以外の三の手指を失つたもの 四　一手の母指を含み三の手指又は母指以外の四の手指の用を廃したもの 五　一下肢を五センチメートル以上短縮したもの 六　一上肢の三大関節中の一関節の用を廃したもの 七　一下肢の三大関節中の一関節の用を廃したもの 八　一上肢に偽関節を残すもの 九　一下肢に偽関節を残すもの 一〇　一足の足指の全部を失つたもの
第九級	同391日分	一　両眼の視力が〇・六以下になつたもの 二　一眼の視力が〇・〇六以下になつたもの 三　両眼に半盲症、視野狭さく又は視野変状を残すもの 四　両眼のまぶたに著しい欠損を残すもの 五　鼻を欠損し、その機能に著しい障害を残すもの 六　そしやく及び言語の機能に障害を残すもの 六の二　両耳の聴力が一メートル以上の距離では普通の話声を解することができない程度になつたもの 六の三　一耳の聴力が耳に接しなければ大声を解することができない程度になり、他耳の聴力が一メートル以上の距離では普通の話声を解することが困難である程度になつたもの 七　一耳の聴力を全く失つたもの 七の二　神経系統の機能又は精神に障害を残し、服することができる労務が相当な程度に制限されるもの 七の三　胸腹部臓器の機能に障害を残し、服することができる労務が相当な程度に制限されるもの 八　一手の母指又は母指以外の二の手指を失つたもの

		九　一手の母指を含み二の手指又は母指以外の三の手指の用を廃したもの 一〇　一足の第一の足指を含み二以上の足指を失つたもの 一一　一足の足指の全部の用を廃したもの 一一の二　外貌に相当程度の醜状を残すもの 一二　生殖器に著しい障害を残すもの
第一〇級	同 302 日分	一　一眼の視力が〇・一以下になつたもの 一の二　正面視で複視を残すもの 二　そしやく又は言語の機能に障害を残すもの 三　十四歯以上に対し歯科補てつを加えたもの 三の二　両耳の聴力が一メートル以上の距離では普通の話声を解することが困難である程度になつたもの 四　一耳の聴力が耳に接しなければ大声を解することができない程度になつたもの 五　削除 六　一手の母指又は母指以外の二の手指の用を廃したもの 七　一下肢を三センチメートル以上短縮したもの 八　一足の第一の足指又は他の四の足指を失つたもの 九　一上肢の三大関節中の一関節の機能に著しい障害を残すもの 一〇　一下肢の三大関節中の一関節の機能に著しい障害を残すもの
第一一級	同 223 日分	一　両眼の眼球に著しい調節機能障害又は運動障害を残すもの 二　両眼のまぶたに著しい運動障害を残すもの 三　一眼のまぶたに著しい欠損を残すもの 三の二　十歯以上に対し歯科補てつを加えたもの 三の三　両耳の聴力が一メートル以上の距離では小声を解することができない程度になつたもの 四　一耳の聴力が四十センチメートル以上の距離では普通の話声を解することができない程度になつたもの 五　せき柱に変形を残すもの 六　一手の示指、中指又は環指を失つたもの 七　削除 八　一足の第一の足指を含み二以上の足指の用を廃したもの 九　胸腹部臓器の機能に障害を残し、労務の遂行に相当な程度の支障があるもの
		一　一眼の眼球に著しい調節機能障害又は運動障害を残すもの 二　一眼のまぶたに著しい運動障害を残すもの 三　七歯以上に対し歯科補てつを加えたもの 四　一耳の耳かくの大部分を欠損したもの 五　鎖骨、胸骨、ろく骨、肩こう骨又は骨盤骨に著しい変形を残すもの 六　一上肢の三大関節中の一関節の機能に障害を残すもの 七　一下肢の三大関節中の一関節の機能に障害を残すもの 八　長管骨に変形を残すもの

第一二級	同156日分	八の二　一手の小指を失つたもの 九　一手の示指、中指又は環指の用を廃したもの 一〇　一足の第二の足指を失つたもの、第二の足指を含み二の足指を失つたもの又は第三の足指以下の三の足指を失つたもの 一一　一足の第一の足指又は他の四の足指の用を廃したもの 一二　局部にがん固な神経症状を残すもの 一三　削除 一四　外貌に醜状を残すもの
第一三級	同101日分	一　一眼の視力が〇・六以下になつたもの 二　一眼に半盲症、視野狭さく又は視野変状を残すもの 二の二　正面視以外で複視を残すもの 三　両眼のまぶたの一部に欠損を残し又はまつげはげを残すもの 三の二　五歯以上に対し歯科補てつを加えたもの 三の三　胸腹部臓器の機能に障害を残すもの 四　一手の小指の用を廃したもの 五　一手の母指の指骨の一部を失つたもの 六　削除 七　削除 八　一下肢を一センチメートル以上短縮したもの 九　一足の第三の足指以下の一又は二の足指を失つたもの 一〇　一足の第二の足指の用を廃したもの、第二の足指を含み二の足指の用を廃したもの又は第三の足指以下の三の足指の用を廃したもの
第一四級	同56日分	一　一眼のまぶたの一部に欠損を残し、又はまつげはげを残すもの 二　三歯以上に対し歯科補てつを加えたもの 二の二　一耳の聴力が一メートル以上の距離では小声を解することができない程度になつたもの 三　上肢の露出面に手のひらの大きさの醜いあとを残すもの 四　下肢の露出面に手のひらの大きさの醜いあとを残すもの 五　削除 六　一手の母指以外の手指の指骨の一部を失つたもの 七　一手の母指以外の手指の遠位指節間関節を屈伸することができなくなつたもの 八　一足の第三の足指以下の一又は二の足指の用を廃したもの 九　局部に神経症状を残すもの

一　視力の測定は、万国式視力表による。屈折異常のあるものについてはきよう正視力について測定する。

二　手指を失つたものとは、母指は指節間関節、その他の手指は近位指節間関節以上を失つたものをいう。

三　手指の用を廃したものとは、手指の末節骨の半分以上を失い、又は中手指節関節若しくは近位指節間関節（母指にあつては指節間関節）に著しい運動障害を残すものをいう。

四　足指を失つたものとは、その全部を失つたものをいう。

五　足指の用を廃したものとは、第一の足指は末節骨の半分以上、その他の足指は遠位指節間関節以上を失つたもの又は中足指節関節若しくは近位指節間関節（第一の足指にあつては指節間関節）に著しい運動障害を残すものをいう。

Q92

指を切断した労災事故で、治療は一区切りしたようですが、本人は「まだ痛みが残っている」と言って治療の継続を主張しています。このような場合であっても治癒したことになるのでしょうか？

Answer.

治癒したことになります。

労災保険における「治癒」とは、いわゆる「治った」ということです。これは、元通りになったという意味ではありません。なくなった指は生えてきませんから。

労災保険における治癒とは、負傷または疾病の症状が安定し、症状固定の状態をいいます。症状固定とは、医療効果が期待できなくなったことをいいます。つまり、現代の医療では、これ以上治療をしてもその効果が出ない状態をいい、それで病状が安定すれば労災保険による治療は終了（打ち切り）となります。

指の欠損や機能喪失あるいは残った痛み等は、身体障害となりますから、労基署における障害認定を受けて障害等級を決定し、障害補償給付が受けられます。

痛みについては、「局部に神経症状を残すもの」として14級になりますが、「局部にがん固な神経症状を残すもの」に該当すれば12級となります。

一時金の額が平均賃金の56日分と156日分と約3倍の差があります。

なお、20の疾病等については、治癒後のフォローとしてアフターケアの制度があります。P128を参照してください。

Column

労災詐欺の予防

あるとき、管内の工事現場の労働者から障害認定の申請書が出されました。障害認定とは、負傷等が治った後、たとえば指がなくなったなどの身体障害が残った場合に、その程度を労基署で決定し、障害補償を支払うための基礎事項を調べるものです。

被災者は型枠大工なのですが、携帯用丸のこ盤で左手の薬指を切断したという事故でした。しかし、元請の話では、切断した指の先端は見つからなかったというのです。

そうこうしているうちに、労基署には電話情報が入ってきました。その一つは、「被災者は労災詐欺の暴力団員だ」というものでした。もう一つは、警察署からでした。「詐欺で追っている容疑者の一人なので、労基署で障害認定の当日に張り込みをしたい」というのです。聞くと、パトカーに車をぶつけて逃走することなど平気な人物ということでした。

職員に危害が及ばないようにすることを条件に、張り込みは認めました。ところが当日、どういうわけか本人は現れませんでした。

ところで、本人が治療に行った病院は現場から遠くなく、それなりの病院ではあったのですが、同じぐらいの距離に救急で有名な大学病院がありましたので、そこへこの人物の治療歴について問い合わせをさせました。案の定、2年ほど前に同じ部位について治療歴がありました。障害補償の二重取りを狙ったようです。

その後何回か本人から「障害認定に行く」旨の電話はありましたが、結局最後まで署には姿を見せませんでした。

現場では、切断した部位を探すということも重要です。場合によってはつながることもありますから。

Q93

当社施工の工事現場で死亡災害が発生しました。身寄りがわからず、とりあえず当社で社葬を行いましたが、葬祭料の請求はどのようになるのでしょうか？

Answer.

貴社が請求人として「葬祭料請求書」（告示様式第 16 号）を所轄労基署に提出してください。

葬祭料を受けることができる者は、葬祭を行う者です。「葬祭を行う者」は遺族に限りません。葬祭を行ったことが確認できれば、会社（事業主）が請求することも可能です。必要事項を記載するほか、葬儀社の領収書等を添えるとよいでしょう。写しでもかまいません。

なお、通勤災害の場合には、「葬祭給付請求書」（告示様式第 16 号の 10）を用います。

Q94

労災で「アフターケア」という言葉を聞きますが、どのような意味でしょうか？

Answer.

治療が終了した後の、フォローです。

労災保険制度では、業務災害または通勤災害により被災された方々に対して、症状固定（治癒）により、治療が終了します。しかし、疾病等によっては、その後においても後遺症状に動揺を来したり、後遺障害に付随する疾病を発症させるおそれがあることから、必要に応じて予防その他症状固定後の保健上の措置として「アフターケア」を実施しています。

アフターケアは、労災病院、医療リハビリテーションセンター、総合せき損センター、労災保険則第 11 条の規定により指定された病院または診療所もしくは薬局で行うことができますが、その対象となるのは各対象傷病ごとに定められた範囲内の診療等の措置に限られています。

対象となるのは次の疾病等です。

1 せき髄損傷
2 頭頸部外傷症候群等（頭頸部外傷症候群、頸肩腕障害、腰痛）
3 尿路系障害
4 慢性肝炎
5 白内障等の眼疾患
6 振動障害
7 大腿骨頸部骨折及び股関節脱臼・脱臼骨折
8 人工関節・人工骨頭置換
9 慢性化膿性骨髄炎
10 虚血性心疾患等
11 尿路系腫瘍
12 脳の器質性障害
13 外傷による末梢神経損傷
14 熱傷
15 サリン中毒
16 精神障害
17 循環器障害
18 呼吸機能障害
19 消化器障害
20 炭鉱災害による一酸化炭素中毒

たとえば、圧気シールド工事や潜水業務で発生する後遺障害として8があります。墜落災害では、1、2、7等が考えられます。

これらのいずれかの疾病に該当する労働者には、治癒として労災保険による治療が打ち切られる際にアフターケア健康管理手帳が都道府県労働局長から交付されます。というのは、たとえば8で人工関節となった場合、一定年数で交換が必要となったり、症状が再発することがあるので、その際に労災保険による治療が受けられるようにするためです。

アフターケアの対象者が受診する際には、その都度、このアフターケア健康管理手帳を医療機関に提出し、同手帳の所定の欄にその結果を記入することとされています。

アフターケアに要した費用は、アフターケア委託費請求書に記載の上、アフターケア実施医療機関等の所在地を管轄する都道府県労働局長あて請求することにより支払われます。

このアフターケア健康管理手帳は、安衛法に基づくものとは異なります。その有効期間の更新等の手続は、都道府県労働局労働基準部労災補償課で行います。

Column

その男には戸籍がなかった（ある死亡災害の悲劇）

ある労基署に勤務していたとき、そこの警察署から非常に懇意にしていただき、連絡が早いので労災事故現場にすぐに到着することができました。

あるとき、当時一部上場企業であったあるゼネコンの工事現場の死亡災害の調査に行きました。「ここがその現場です」と案内され、見ると、床面に顔色の悪い職人さんがうつぶせていました。

それが被災者でした。「時雨弥三郎」という名前を確認しました。労働者名簿も、技能講習修了証をはじめとする資格証もその名前でした。「本当にこのような名前の人物が存在するのか」というのが正直な感想でした。

死亡災害が起きると、一般に被災者は警察で解剖に付されます。一種の変死なので、死因の特定が必要だからです。元請と関係者はその間に葬儀の準備をし、おおむね１週間以内に荼毘に付されます。場合によっては、現地で仮通夜と仮葬儀をし、出身地で本葬ということもあります。

しかし、そのときはそうはいきませんでした。「時雨弥三郎という人間は、存在しない」という警察からの連絡でした。

警察から遺体が引き渡されたのは、１か月ほど後で、やっと葬儀が行われました。偽名でしたが、指紋から身元が判明したというのですから前科があったのでしょう。別の人間としてやり直したかったのだろうと思いました。

遺族を確認して驚きました。父親も行方不明でしたが、偽名で某温泉地の有名ホテルの総支配人をしていて、すでに鬼籍に入られていました。兄は、弁護士と医者。もう一人の兄弟は行方不明。妻子がいないので、労災の遺族補償一時金についてその２人は、「ほかの１人分については、時効が来るまで労基署で預かっていてください」とのことでした。

５年後、その１人分は時効で消滅しました。

Q95

労災保険では「費用徴収」という制度があるそうですが、どのようなものでしょうか？

Answer.

労災保険関係成立前に災害が発生して労災保険給付を受ける場合等に、給付額の一部を国が事業主から徴収する制度です。

労災保険は、労基法に定める事業主の無過失責任としての労災補償義務を、保険制度として国が給付するものです。

これに対し、労災保険関係成立手続の遅れをはじめ、事業主に一定の落ち度がある場合に、全額無条件で支払うと、日ごろからきちんと法令を遵守しているほかの事業主との間で不公平感が募ります。

そこで、前述の労災保険関係手続が遅れた場合や、その災害の発生原因に労働安全衛生関係法令や労働基準法の違反が認められる場合などに、この制度が発動されて費用徴収が行われます。

安衛法違反が認められた場合、死亡災害だと費用徴収の額が数百万円という単位となるので、小規模な企業だと、死活問題となることも少なくありません。

なお、協力会社（下請）に対しては「求償」という名称になります。

Q96

当社で施工する工事現場で死亡災害が発生しました。被災者には、内縁関係の妻がいるだけで、ほかの家族はいません。内縁の妻でも労災保険でいう「遺族」にあたるでしょうか？

Answer.

「遺族」になります。

労災保険法では、労働者が死亡した場合の遺族補償として、「遺族補償給付は、遺族補償年金又は遺族補償一時金とする。」（第16条）としています。

これを受けて第16条の2では、次のように定めています。

1 遺族補償年金を受けることができる遺族は、労働者の配偶者、子、父母、孫、祖父母及び兄弟姉妹であって、労働者の死亡の当時その収入によって生計を維持していたものとする。ただし、妻（婚姻の届出をしていないが、事実上婚姻関係と同様の事情にあった者を含む。以下同じ。）以外の者にあっては、労働者の死亡の当時次の各号に掲げる要件に該当した場合に限るものとする。

(1) 夫（婚姻の届出をしていないが、事実上婚姻関係と同様の事情にあった者を含む。以下同じ。）、父母または祖父母については、60歳以上であること。

(2) 子または孫については、18歳に達する日以後の最初の3月31日までの間にあること。

(3) 兄弟姉妹については、18歳に達する日以後の最初の3月31日までの間にあることまたは60歳以上であること。

(4) 前3号の要件に該当しない夫、子、父母、孫、祖父母または兄弟姉妹については、厚生労働省令で定める障害の状態にあること。

2 労働者の死亡の当時胎児であった子が出生したときは、前項の規定の適用については、将来に向かって、その子は、労働者の死亡の当時その収入によって生計を維持していた子とみなす。

3 遺族補償年金を受けるべき遺族の順位は、配偶者、子、父母、孫、祖父母及び兄弟姉妹の順序とする。

1の本文にあるように、「妻」には婚姻の届出をしていないが、事実上婚姻関係と同様の事情にあった者を含むわけですから、内縁の妻が含まれるということになります。ただし、単なる同居人の場合は該当しませんので、労基署が調査をします。

なお、法律上の妻が別途いる場合には、問題は簡単には済みません。しばらく前の最高裁判決において、「法律上の婚姻が優先するが、事実上別居して相当期間が経過し、もはや夫婦関係が破綻しているといいうる場合には、事実上の婚姻関係を優先する」との判決が出されたからです。

そのような事案がありましたら、まずは所轄労基署にご相談ください。

Q97

先日、当社の施工する現場で被災した下請労働者と示談が成立しました。この示談書は、労基署にも提出する必要があるでしょうか？

Answer.

写しを労基署に提出してください。

労災補償は、本来事業主の無過失責任であり、建設業の場合は元請責任です。

労災保険は、被災者の保護のため、最低限度の補償を国が行う制度であり、二重に補償をするわけではありません。このため、労災保険法上給付すべきものは給付しますが、場合によって、すでに事業主が補償した部分があればこれを控除することになります。その参考とするために示談書（写し）が必要となります。

示談書には、すべての元請企業（共同企業体の場合）と関係請負人の押印が必要です（詳細はP159参照）。つまり、5次下請の労働者が被災したのであれば、その事業主の上位の1次下請、2次下請、3次下請、4次下請も押印が必要です。そうでないと、後日被災者側から、押印のない企業に対し損害賠償請求を行うことが可能だからです。

なお、筆者の経験では、共同企業体で27社JVというのがあり、死亡事故の示談書にすべての元請と関係請負人（被災者の所属会社とその上の会社）の社長印が押されていたのを見たことがあります。

Q98

先日、当社の施工する工事現場での災害について、労基署から「業務外」との決定が出されました。本人は不服があるので手続を取りたいと主張していますが、どのような手続があるのでしょうか？

Answer.

審査請求、再審査請求の各手続と、行政訴訟による方法があります。

労災保険法第38条第1項では、「保険給付に関する決定に不服のある者は、労働者災害補償保険審査官に対して審査請求をし、その決定に不服のある者は、労働保険審査会に対して再審査請求をすることができる。」と定めています。

労働者災害補償保険審査官は、都道府県労働局労働基準部にいて、労基署長の決定した事案について審査します。その結果、労基署長の決定を取り消すことがあります。

しかしながら、労基署長の決定を支持する場合もあります。それに不服がある時には、東京にある労働保険審査会に対し、再審査請求を行うこととなります。

いずれも、労基署の指揮命令系統から分かれ、独自に調査をする権限を有しています。

ところで、同条第2項では、「前項の審査請求をしている者は、審査請求をした日から3箇月を経過しても審査請求についての決定がないときは、労働者災害補償保険審査官が審査請求を棄却したものとみなすことができる。」としていますので、審査請求後3か月を経過した場合には、担当審査官に結論がいつ頃出るか確認した上で、再審査請求をするかどうかを本人が判断することとなります。

行政官庁の行った処分（行政処分）に対して訴訟を起こす場合には、一般に行政不服審査法に基づいて手続を行います。しかし、労災保険法に関するものに限り、行政不服審査法によらず労災保険法の定める手続によります（労災保険法第39条）。

このため、同法第40条では、訴訟を起こす場合について次のように定めています。

すなわち、労基署長の決定した処分の取消しの訴えは、当該処分についての再審査請求に対する労働保険審査会の裁決を経た後でなければ、提起することができない。つまり、原則として再審査請求を受けなさいということです。

なお、訴訟を起こす場合にも労災請求権の時効の問題が生じますから、「第1項の審査請求及び再審査請求は、時効の中断に関しては、これを裁判上の請求とみなす。」（第38条第3項）として、審査請求または再審査請求を行った時点で時効を中断する旨を定めています。

「労働保険審査請求書」の様式については、P86を参照してください。

4. 工事終了後の労災事故の扱い

Q99

工事が竣工し、引渡しが終わりましたので、労災保険についても、保険料の精算を終えました。ところが、その後、3か月後のダメ直し工事において、作業員が負傷しました。労災保険については、どのようにすればよいでしょうか？

Answer.

当該工事の労災保険で治療が受けられます。

本来であれば当該工事に付随する作業でしょうが、精算手続が終了しているとすれば、その労災保険関係を復活させることができるかどうかであり、所轄労基署に相談する必要があります。

場合によっては、貴社の本社または支店等で成立させている一括有期工事の一つとして取り扱うこともあります。その場合には、一括有期事業開始報告の提出を要します。

竣工・引渡し後1年後とか3年後といった時期の保証工事における災害

が発生した場合には、一括有期工事として取り扱うべきです。
なお、メリット制の適用を受けている場合には、保険料の再計算が必要となり、その結果として労災保険料を追加納付しなければならなくなることもあります。

Column

一歩間違えれば労災かくしに

ある工事現場が終了しました。完工引渡し後１年で、保証工事といって、ちょっとした不具合についての補修等を行う作業があります。蛇腹式のフェンスが閉まりがよくないということで、点検作業をしていた２次下請の労働者Ａは、その蛇腹の部分に指を挟んで切断しかかる怪我を負いました。

元請の社員は、工事はとっくに終了していたので現場の労災保険は使えないと考え、１次下請の社員に「お前のところで面倒を見ておけ」といいました。

いわれたほうは、労災保険が使えないというように指示されたと考え、Ａに対し、「健康保険で治療するように」いいました。

Ａは、現場での負傷だから健康保険はおかしいと考え、自宅近くの労基署に電話しました。その労基署から所轄労基署に連絡が行き、元請が呼び出されました。

労基署の担当官は、負傷してから間がなかったので、しかるべき労災保険での治療を指示し、労働者死傷病報告の提出を求めると共に、労災保険の取扱いについて全社員に周知を図るよう元請に対して指導しました。

明確な基準はありませんが、労働者死傷病報告の未提出が２か月を超えるようだと労災かくし事件として送検されたかもしれません。

Q100

労基署の立入調査で「使用停止等命令書」を受けました。どのように対応したらよいでしょうか？

Answer.

直ちに改善措置を講じ、それまでは作業を禁止すべきです。

使用停止等命令書の交付は行政処分ですから、これに違反すると、命令違反として新たな法令違反が追加されることになりますので、直ちに使用を禁止して至急改善対策を講じる必要があります。

命令の内容は、次の３種類です。

1　緊急措置命令

寄宿舎や現場事務所が、土砂崩壊等により被災する可能性が高い場合等に、退避等の命令が出されます。

2　使用停止命令

一定の機械・設備について、安全装置を備えるなどの改善が確認されるまで使用することが禁止されます。

3　変更命令

足場の手すりがないとか、エレベータシャフト等の開口部に手すり等がないまま放置されている場合などに、「いついつまでに手すりを設けること」といった命令が出されます。この場合、改善が確認されるまでの間「作業停止命令」が併せて出されることもあります。

これらは、いずれもすでに安衛法違反の状態があることから、違反条文も書かれているはずです。

これらの命令に反して、改善しないまま使用を続けるなどすると、労働災害が発生した場合はもとより、発生していなくても安衛法違反容疑で検挙されるだけでなく、命令違反（安衛法第98条違反）も生じることとなり、二重の法令違反となります。検挙（司法処分）されると二重の罰則が適用されます。

当該機械・設備に対する命令については、改善したことがわかる写真を労基署に持参すれば、その場で「命令解除通知書」が交付されることが多いものですし、担当官に電話して改善結果の確認に来てもらう方法もあります。参考に「是正報告書」の様式例をあげておきます（P139）。

なお、使用停止等命令書の交付は行政処分であり、行政指導ではありませんから、その内容に不服がある場合には、所轄労基署長あるいは所轄労働局長に対し、審査請求をすることができます。審査請求をする場合には、命令書の受領後直ちに行うことが必要です。審査請求の期限（60日以内）よりも短い是正期日であることが多いからです。

是 正 報 告 書

〇〇〇〇年 〇〇月 〇〇日

立川 労働基準監督署長 殿

事 業 場 名 酒井建設（株）村田ビル新築工事
所 在 地 立川市〇〇 1－2－5
代表者職氏名 代表取締役 酒井太市 印

〇〇〇〇年〇〇月〇〇日、貴署 山本和己 監督官から是正勧告書・使用停止等命令書・指導票により改善を指示された事項については、下記のとおり改善しましたので報告します。

なお、指摘事項のうち法条項、番号を□で囲ったものについては、同種違反等の繰り返しを防止するための点検整備体制を下記のとおり確立し、実施しておりますので併せて報告します。

記

違反法条項	是正年月日	是正内容
安衛法21条 安衛則518条	〇〇〇〇年 〇〇月〇〇日	本館3階東側エレベータシャフトの開口部に手すりと中さんと巾木を設置しました。（写真添付）

※ 機械設備等に関するものは、改善結果のわかる写真等を添付すること。
※ 賃金等金銭に関するものは、支払い状況のわかるものを添付すること。

Q101

労災で休業していた労働者がいましたが、親族のある者が毒を飲ませたとかで、本人は死亡、その者は逮捕されました。当該逮捕者も遺族ということになるでしょうか？

Answer.

労災保険給付の対象にはなりません。

毒殺されたのが事実であれば、その死亡は労災にはなりません。また、犯人である親族は、労災保険法上「遺族」にはなることができません。

殺人となれば、当該加害者が賠償責任を負うのが当然であり、死亡したことに業務起因性は認められません。

また、労災保険法では、「労働者を故意に死亡させた者は、遺族補償給付を受けることができる遺族としない」（第16条の9第1項）とされています。

したがって、死亡災害などであって、もともとの事故が発生した際に、当該被災者の親族が関わっていて故意に死亡させたことが認められる場合についても、当該親族は遺族になることはできないことになります。

なお、人が死亡したときは、一般的には医師により死亡診断書が書かれます。これは医学的に死亡していることを確認する書類であり、死亡原因は必ずしも詳細に書かれません。

一方、労働災害や犯罪による死亡の場合には、遺体解剖の上死体検案書が書かれ、死亡原因が特定されることが多いものです。

Q102

当社施工の工事現場で労働災害に遭い、1年あまり治療を受けていた者が、当該下請会社を退職することとなりました。治療はまだ続けたいとの意向のようですが、その場合であっても治療は受けられるのでしょうか？治療が受けられるとした場合、当社は元方の証明を続ける必要があるのでしょうか？

Answer.

退職しても、労災保険による治療はそのまま受けられます。労災保険を受給する権利は、労働者の退職によって変更されることはありません。退職後は、元請としての事業主証明は、「本人退職」と書くことでさしつかえありません。

労基法第83条では、「補償を受ける権利は、労働者の退職によって変更されることはない。」と定め、退職後も労災補償が受けられることを定めています。同様に、労災保険法第12条の5第1項では、「保険給付を受ける権利は、労働者の退職によつて変更されることはない。」と規定しています。

具体的手続としては、これまで治療を続けていたものを引き続き行うこととなるので、当該工事現場の労災保険番号を引き続き使用することとなります。すでに元請の証明は形式的なものですから、元請の証明がなくても、労基署の判断で治療を継続するか打ち切るかということだけになります。休業補償給付についても同様です。

なお、外国人労働者が被災した場合であって、帰国して本国で治療を受けたいという場合には、所轄労基署にご相談ください。その場合の手続があります。

第４章
労災保険にもマイナンバーが必要

マイナンバーとは、我が国で住民票登録がされている国民すべてに対して交付される12桁の番号です。個人番号といい、マイナンバーともいいます。年金給付をはじめ様々な事項に利用されることとされ、2016年1月1日からその運用が始められました。

本章では、労災保険給付におけるマイナンバーについて解説しています。その際、「行政手続における特定の個人を識別するための番号の利用等に関する法律」については、「番号法」と略称します。

Q103

マイナンバーは、労災保険にどのような関係があるのでしょうか？

Answer.

一部の請求書に、マイナンバーの記載が必要です。

国や地方自治体における各種業務と同様、労災保険給付について2016年1月1日から利用が始まりました。

そのため、一定の労災保険給付請求書に、受給者のマイナンバーを記載することとされました。

Q104

労災保険の給付請求にあたり、マイナンバーの記載が必要な書類にはどのようなものがありますか？

Answer.

次のようなものがあり、今後さらに増える予定です。

		請求書名	様式
業務上災害	1	障害補償給付支給請求書	告示様式第10号
	2	遺族補償年金支給請求書	告示様式第12号
	3	傷病の状態等に関する届	告示様式第16号の2
	4	遺族補償年金、遺族年金転給等請求書	告示様式第13号
	5	年金たる保険給付の受給権者の住所・氏名　年金の払渡金融機関等変更届	告示様式第19号
通勤災害	1	障害給付支給請求書	告示様式第16号の7
	2	遺族年金支給請求書	告示様式第16号の8
	3	遺族補償年金、遺族年金転給等請求書	告示様式第13号
	4	年金たる保険給付の受給権者の住所・氏名　年金の払渡金融機関等変更届	告示様式第19号

Q105

労災保険給付請求において、マイナンバーを記載しなければならないということの法的根拠はあるのでしょうか？

Answer.

マイナンバー制度の実施に当たり、法令に定められました。

番号法別表第1および別表第1の主務省令（行政手続における特定の個人を識別するための番号の利用等に関する法律別表第1の主務省令で定める事務を定める命令）において、労災保険の年金給付の支給などに関する事務において個人番号（マイナンバー）を利用することができるとされています。

Q106

労働者がマイナンバーを教えてくれなかった場合、労災保険の給付請求はどのようにすればよいでしょうか？

Answer.

強制はできませんが、その場合の不利益を本人に教示してください。

現時点でマイナンバーの記載が必要なものについては、マイナンバーの提供を受ける以外に方法はありません。本人にその旨説明して提供を受けるようにしてください。

時に住民票登録をしていない被災労働者もいますから、まずは住民票登録をしてマイナンバーの交付を受けるように促すことも必要です。

マイナンバーを教えてくれない場合には、そのまま労働基準監督署に説明して手続を進めるしかありません。

なお、マイナンバーを労働基準監督署に提出しないことにより、厚生年金や国民健康保険との調整等の書類が煩雑になることがありますので、その旨本人に伝える必要があります。

Q107

労働基準監督署では、マイナンバー等の個人情報漏洩を防止するための方策を講じているのでしょうか？

Answer.

個人情報漏洩防止策を講じています。

そのため、次の処置を講ずることとされています。

個人番号の管理については、

・届出書類については、厳重な管理・保管を行う。

・システムでの管理については、個人番号の流出が起こらないようセキュリティを強化する。

なお、現時点では、労災保険の給付関係事務に使用する情報を扱うコンピュータは、政府関係のネットワークには接続せず、厚生労働省の労災保険関係部署と労働基準監督署のネットワークのみで運用されており、その他のネットワークにも接続されていません。電子申請の場合も、電子申請のネットワークとは接続していません。

Q108

労災保険給付においてマイナンバーを使用することの利点はどのようなことでしょうか？

Answer.

主として厚生年金や国民健康保険等の社会保障制度と労災保険給付との調整をすること（手続）が簡単になることです。

遺族補償年金や障害補償年金が典型ですが、厚生年金等との調整が簡便となります。具体的には、次の利点があるとされています。

・住民基本台帳ネットワークへの情報照会により、労災年金の手続における住民票の写しの添付が省略されます。
・日本年金機構への情報照会により労災年金の手続における厚生年金等の支給額がわかる書類の添付省略
・労災年金給付業務の適正化

また、日本年金機構への情報照会で添付が省略できる手続として、次のものがあり、請求書へのマイナンバーの記載により、厚生年金等の支給額等のわかるものの添付が省略できます。

・障害補償給付支給請求書（告示様式第 10 号）
・遺族補償年金支給請求書（告示様式第 12 号）
・遺族補償年金、遺族年金転給等請求書（告示様式第 13 号）
・傷病の状態等に関する届（告示様式第 16 号の 2）
・障害給付支給請求書（告示様式第 16 号の 7）
・遺族年金支給請求書（告示様式第 16 号の 8）

・年金たる保険給付の受給権者の定期報告書（障害用、告示様式第 18 号の(1)）
・年金たる保険給付の受給権者の定期報告書（遺族用、告示様式第 18 号の(2)）
・年金たる保険給付の受給権者の定期報告書（傷病用、告示様式第 18 号の(3)）

Q109

労災保険手続において、被災労働者のマイナンバーに関し事業主はどのように関わるのでしょうか？

Answer.

所得税法の関係などもあり、事業主はすべての労働者のマイナンバーを知る必要があります。

労災保険の手続でマイナンバーを用いるものは、被災労働者あるいはその遺族が行う労災年金の請求などだけであり、事業主は、労災保険の手続に関して番号法上の個人番号関係事務実施者にはなりません。

そのため、事業主は、個人番号を労働者から取得する際の利用目的に労災保険の手続を含めることはできません。その結果、労災保険の手続のために個人番号を収集、保管することはできません。

なお、ここでいう「収集」には閲覧することは含まれていませんから、労災年金の請求書に事業主証明欄を記載するにあたり、個人番号を見ることは問題ありません。しかし、その際に個人番号を書き写したり、コピーを取ったりすることなどはできません。管理上、請求書の写しが必要な場合には、個人番号の部分を復元できない程度にマスキングまたは削除することが必要です。

なお、所得税法の関係で、すべての労働者のマイナンバーを収集し、税務署に報告しなければなりませんので、ご注意ください。

Q110

被災労働者または遺族から、会社が代理人として請求する場合はどうなるでしょうか？

Answer.

その場合には、マイナンバーを取り扱うことは可能です。

労災年金の請求は、法令上、請求人である労働者またはその遺族が所轄の労働基準監督署に直接提出することになっています。しかし、請求人自ら手続を行うことが困難な場合については、事業主が請求人から委任を受け、請求人の代理人として、マイナンバーを扱うことは可能です。

その際には、①委任状など代理権が確認できる書類、②代理人の身元確認書類、③通知カード等の本人の番号確認ができる書類の提示または写しの添付が必要となります。この場合であっても、事業主は、請求書の作成や提出の手続でマイナンバーを利用する必要がなくなった場合、マイナンバーを速やかに廃棄または削除する必要があります。

Column

不正受給の防止

マイナンバーは、労災保険では年金関係のみで使われるようになりましたが、今後不正受給の防止に役立つであろうとされています。

不正受給とは、文字どおり労災保険給付詐欺です。負傷そのものが虚偽のこともあれば、複数の事業場で同時に休業補償を受け取るなどの例があります。

マイナンバーで個人の特定ができることから、偽名による二重給付が解消できるなどの効果が期待されています。

なお、犯罪歴があり、更生するつもりで偽名で就労している方もいます。そのような方々を排除することのないような配慮も必要でしょう。

委 任 状

（代理人）　所　在　地

東京都千代田区麹町２番３号

事業場名　中央建設 株式会社

代表者職氏名　代表取締役 駒場太郎　㊞

私は、上記の者を代理人と定め、下記の事項を委任します。

記

次に掲げる労働者災害補償保険法による年金たる保険給付の請求書等の作成及び提出に係る権限。

※請求書等の種類をお書きください。

１．（例）遺族補償年金支給請求書（告示様式第１２号）

○○○○年○○月○○日

（委任者）　住　所　青森県弘前市○○３－２－１

※記名押印することに代えて、自筆による署名をすることができます。

氏　名　大森 三郎　㊞

様式第10号（表面）

労働者災害補償保険

業務災害用

障害補償給付支給請求書
障害特別支給金・障害特別年金・障害特別一時金 支給申請書

① 労働保険番号				
府県	所掌	管轄	基幹番号	枝番号
13	3	01	683952	001

② 年金証書の番号			
管轄局	種別	西暦年	番号

③ 労働者の	
フリガナ	オオモリ　サブロウ
氏名	大森　三郎（男・女）
生年月日	S○○年 ○○月 ○○日（38歳）
フリガナ	アオモリケンヒロサキシ
住所	青森県弘前市○○3-2-1
職種	土工
所属事業場名称・所在地	山科工務店株式会社 東京都江東区大島1-2-3

④ 負傷又は発病年月日
○○○○年 ○○月 ○○日
午前・午後 3時 38分頃

⑤ 傷病の治癒した年月日
○○○○年 ○○月 ○○日

⑦ 平均賃金
14,382円 48銭

⑧ 特別給与の総額（年額）
200,000円

⑥ 災害の原因及び発生状況 （あ）どのような場所で（い）どのような作業をしているときに（う）どのような物又は環境に（え）どのような不安全な又は有害な状態があって（お）どのような災害が発生したかを簡明に記載すること

千代田区内の紀尾井町ビルB棟新築工事現場で作業中、上方から鉄骨（約20kg）が落下し、左足をつぶしたものです。

⑨ 厚生年金保険等の受給関係		
㋑ 厚年等の年金証書の基礎年金番号・年金コード	1234567890 1234	
㋺ 被保険者資格の取得年月日	○○○○年 ○○月 ○○日	
㋩ 当該傷病に関して支給される年金の種類等	年金の種類	厚生年金保険法の（イ）障害年金　ロ、障害厚生年金 国民年金法の　イ、障害年金　ロ、障害基礎年金 船員保険法の障害年金
	障害等級	5級
	支給される年金の額	2,832,500円
	支給されることとなった年月日	○○○○年 ○○月 ○○日
	厚年等の年金証書の基礎年金番号・年金コード	1234567890 1234
	所轄年金事務所等	弘前市年金事務所

③の者については、④、⑥から⑧まで並びに⑨の㋑及び㋺に記載したとおりであることを証明します。

○○○○年 ○○月 ○○日

事業の名称　中央建設株式会社　電話（03）1234－5678

事業場の所在地　東京都千代田区麹町2-3　〒102－0083

事業主の氏名　代表取締役　駒場 太郎　㊞

（法人その他の団体であるときは、その名称及び代表者の氏名）

〔注意〕⑨の㋑及び㋺については、③の者が厚生年金保険の被保険者である場合に限り証明すること。

⑩ 障害の部位及び状態	（診断書のとおり）	⑪ 既存障害がある場合にはその部位及び状態	左足膝下切断
⑫ 添付する書類その他の資料名	診断書		

⑬ 年金の払渡しを受けることを希望する金融機関又は郵便局		
金融機関（郵便貯金銀行の支店等を除く。）	※金融機関店舗コード	
	名称	弘前　銀行・金庫・農協・漁協・信組　青樹町　本店・本所・出張所・支店・支所
	預金通帳の記号番号	普通・当座　第 0183526 号
郵便局（郵便貯金銀行の支店等又は郵便局）	※郵便局コード	
	フリガナ	
	名称	
	所在地	都道府県　市郡区
	預金通帳の記号番号	第　号

上記により 障害補償給付の支給を請求します。障害特別支給金・障害特別年金・障害特別一時金の支給を申請します。

〒036－8246

電話（0172）87－6543

○○○○年 ○○月 ○○日

中央　労働基準監督署長 殿

請求人・申請人の　住所　青森県弘前市○○3-2-1

氏名　大森　三郎　㊞

□本件手続を裏面に記載の社会保険労務士に委託します。

個人番号　123456789012

振込を希望する金融機関の名称		預金の種類及び口座番号
銀行・金庫 農協・漁協・信組	本店・本所 出張所 支店・支所	普通・当座 第　号 口座名義人

様式第10号（裏面）

〔注意〕

1　※印欄には記載しないこと。

2　事項を選択する場合には該当する事項を○で囲むこと。

3　③の労働者の「所属事業場名称・所在地」欄には、労働者の直接所属する事業場が一括適用の取扱いを受けている場合に、労働者が直接所属する支店、工事現場等を記載すること。

4　⑦には、平均賃金の算定基礎期間中に業務外の傷病の療養のため休業した期間が含まれている場合に、当該平均賃金に相当する額がその期間の日数及びその期間中の賃金を業務上の傷病の療養のため休業した期間の日数及びその期間中の賃金とみなして算定した平均賃金に相当する額に満たないときは、当該みなして算定した平均賃金に相当する額を記載すること（様式第8号の別紙1に内訳を記載し添付すること。ただし、既に提出されている場合を除く。）。

5　⑧には、負傷又は発病の日以前1年間（雇入後1年に満たない者については、雇入後の期間）に支払われた労働基準法第12条第4項の3箇月を超える期間ごとに支払われる賃金の総額を記載すること（様式第8号の別紙に内訳を記載し添付すること。ただし、既に提出されている場合を除く。）。

6　請求人（申請人）が傷病補償年金を受けていた者であるときは、
(1)　①、④及び⑥には記載する必要がないこと。
(2)　②には、傷病補償年金に係る年金証書の番号を記載すること。
(3)　事業主の証明を受ける必要がないこと。

7　請求人（申請人）が特別加入者であるときは、
(1)　⑦には、その者の給付基礎日額を記載すること。
(2)　⑧は記載する必要がないこと。
(3)　④及び⑥の事項を証明することができる書類その他の資料を添えること。
(4)　事業主の証明を受ける必要がないこと。

8　⑬については、障害補償年金又は障害特別年金の支給を受けることとなる場合において、障害補償年金又は障害特別年金の払渡しを金融機関（郵便貯金銀行の支店等を除く。）から受けることを希望する者にあつては「金融機関（郵便貯金銀行の支店等を除く。）」欄に、障害補償年金又は障害特別年金の払渡しを郵便貯金銀行の支店等又は郵便局から受けることを希望する者にあつては「郵便貯金銀行の支店等又は郵便局」欄に、それぞれ記載すること。
　なお、郵便貯金銀行の支店等又は郵便局から払渡しを受けることを希望する場合であつて振込によらないときは、「預金通帳の記号番号」の欄は記載する必要はないこと。

9　「事業主の氏名」の欄及び「請求人（申請人）の氏名」の欄は、記名押印することに代えて、自筆による署名をすることができること。

10　「個人番号」の欄については、請求人（申請人）の個人番号を記載すること。

11　本件手続を社会保険労務士に委託する場合は、「請求人（申請人）の氏名」欄の下の□にレ点を記入すること。

社会保険労務士記載欄	作成年月日・提出代行者・事務代理者の表示	氏　　名	電話番号
		㊞	（　） －

Q111

マイナンバーがない外国人労働者が被災した場合には、どのようにすればよいでしょうか？

Answer.

所轄労働基準監督署にご相談ください。

マイナンバーは、我が国に住民票がある個人に振り出されますから、住民票登録のない外国人労働者（外国人研修生等を含む。）は、マイナンバーがないことが多いと想定されます。

しかし、だからといって労災保険給付が受けられないわけではありません。まずは、所轄労働基準監督署に直接出向いて、これまでの経過を説明した上で、どのようにすべきかその指示を仰いでください。

なお、年金給付とならない通常の労災保険給付については、マイナンバーの記載は必要ありませんので、そのことで労災かくしにならないように注意してください。

第５章
示談になるとき

労働災害が発生した場合、労災保険による治療と休業補償等で終了する場合もありますが、身体障害が残った場合や不幸にして死亡した場合には、示談が必要となります。

示談は、相手があることですから、こちらの思ったとおりに進むことはあまりありません。また、一般に経験豊富な人はいませんから、どのような点に注意すべきかを知っておくことは必要です。

また、示談が不調に終わった場合には、民事訴訟による損害賠償請求となりますから、それらについても知っておく必要があります。

Q112

死亡災害が起きた場合の示談の相手は誰になるのでしょうか？

Answer.

遺族ですが、順位が定められています。

その順位にしたがって示談の相手とすべきです。労働基準法に基づき、遺族は労基則で次のように定めています。

1　配偶者

遺族補償を受けるべき者は、労働者の配偶者（婚姻の届出をしなくとも事実上婚姻と同様の関係にある者を含む。）です（労基則第42条第1項）。

2　子または父母・孫または祖父母

配偶者がない場合には、遺族補償を受けるべき者は、労働者の子、父母、孫及び祖父母で、労働者の死亡当時その収入によって生計を維持していた者または労働者の死亡当時これと生計を一にしていた者とし、その順位は、ここに掲げる順序によります。この場合において、父母については、養父母を先にし実父母を後にします（同条第2項）。

3　兄弟姉妹

これらの規定に該当する者がない場合においては、遺族補償を受けるべき者は、労働者の子、父母、孫及び祖父母で2に該当しないもの並びに労働者の兄弟姉妹とし、その順位は、子、父母、孫、祖父母、兄弟姉妹の順序により、兄弟姉妹については、労働者の死亡当時その収入によって生計を維持していた者または労働者の死亡当時その者と生計を一にしていた者を先にします（同則第43条第1項）。

遺族補償請求ができる範囲（○数字は順位）

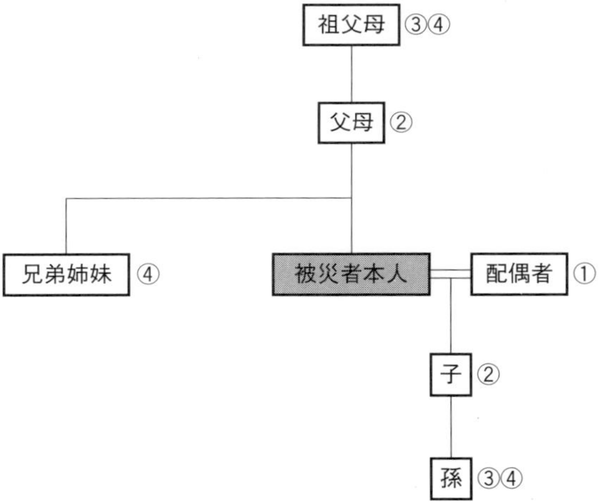

なお、労働者の死亡の当時胎児であった子が出生したときは、遺族補償の適用については、将来に向かって、その子は、労働者の死亡の当時その収入によって生計を維持していた子とみなす（労災保険法第16条の2第2項）こととされています。

4　遺言等による例外

労働者が遺言または使用者に対してした予告で3に規定する者のうち特定の者を指定した場合においては、3の規定にかかわらず、遺族補償を受けるべき者は、その指定した者とする（労基則第43条第2項）とされています。

ところで、遺族補償を受けるべき同順位の者が2人以上ある場合には、遺族補償は、その人数によって等分するものとする（同則第44条）とされています。ただし、労災保険請求においては複数の遺族からの請求を避けるため、代表者を選任するように労基署から求められます。

遺族補償を受けるべきであった者が死亡した場合には、その者にかかる遺族補償を受ける権利は消滅します（同則第45条第1項）。

この場合には、使用者は、1と2の規定による順位の者よりその死亡者を除いて、遺族補償を行わなければならない（同条第2項）とされています。これらの規定は、遺族補償を受ける権利が相続できないことを定めたものです。

なお、遺族補償の請求権は、遺族である地位に基づく請求権であり、被災者本人の権利を相続するものではないというのが、裁判所等における定説（通説）です。そして、受給権者の範囲が法律で定められていますから、遺産相続に関する考え方は通用しません。ただし、たとえば被災者の子であれば、被災者が離婚した後であっても、子としての立場は変わりませんから、上記の要件を満たせば受給権があるということになります。その結果、労災就学等援護費が支給されることがあります。

Q113

示談書作成の上で注意すべき事項はどのようなことでしょうか？

Answer.

相手方が労災保険法上正当の遺族であるかどうかなどです。

示談書は、会社側と遺族側との和解書です。これで双方の利害関係が終結するという文書ですから、以下の点に注意してください。

1 示談書の相手方が、労災保険法上の遺族であること。この場合、同順位の遺族が複数人いるときには、労基署では代表者を選任する旨の文書を提出させますので、そのようにするか全員を連名とするかを決める必要があります。

2 会社側は、元請から死亡労働者を直接雇用していた下請まで、その間のすべての請負人が名を連ねていて、社長印で押印すること。

3「○年○月○日どこそこ工事現場で発生した誰それの死亡災害に関し」といった形で、示談の元となった災害の特定がされていること。

4「本書をもって、甲（遺族）と乙（会社側）の間のすべての債権債務関係が終了することを確認する」旨の文言が入っていること。甲と乙は逆でもかまいません。
5 遺族側の印鑑証明が添付されていること。
6 必要部数作成されていること。つまり、会社側は元請から下請までの会社数分の部数が必要です。元請が共同企業体（JV）の場合には、その数も必要です。

ところで、遺族側にその親族とか、後見人といった名称で別の人物が同席する場合がありますが、それが遺族の依頼に基づくものであるならば、「立会人」名目で署名捺印をもらっておくのもよいでしょう。後日、その示談書についての客観性がより高まるからです。

作成にあたっては、司法書士や弁護士を依頼することも考慮すべきでしょう。

なお、金額の決定にあたっては、本人の生命保険は別として、示談で支払う内容によっては、労災保険からの給付が制限される場合もありますから、その点の誤解がないようにしておく必要があります。

Q114

当社は、A 建設株式会社と B 建設株式会社との 3 社で共同企業体（JV）により工事を施工していたところ、3 次下請の労働者が労災事故に遭いました。示談をする場合、元請 3 社と、1 次下請、2 次下請と 3 次下請のすべての会社が参加しなければならないのでしょうか？

Answer.

そのとおりです。

示談に参加するかしないかは、各社の自由ですが、示談に参加しないと、将来、その会社だけを被告に被災労働者（またはその遺族）から損害賠償請求訴訟を起こされる可能性があります。

労基法第 84 条第 1 項では、「この法律に規定する災害補償の事由について、労働者災害補償保険法又は厚生労働省令で指定する法令に基づいてこの法律の災害補償に相当する給付が行なわれるべきものである場合においては、使用者は、補償の責を免れる。」と規定しています。また、同条第2項では、「使用者は、この法律による補償を行つた場合においては、同一の事由については、その価額の限度において民法による損害賠償の責を免れる。」と規定しています。

これらの規定から、労災保険法による給付だけではなく、損害賠償請求を受ける余地があることがわかります。

労災事故が発生し、示談をする場合、同法第87条第1項において、「厚生労働省令で定める事業が数次の請負によつて行われる場合においては、災害補償については、その元請負人を使用者とみなす。」とあることから、基本的には元請が責任を負いますが、スポンサー（出資率第1位企業）に限らず、JVを構成する各社の連帯責任となります。

次に、労働契約法における事業主の安全配慮義務（同法第5条）については、直接雇用している3次下請の事業主が責任を負います。

また、1次下請や2次下請といったその間の企業については、安衛法に定める注文者の責任等から、示談に無関係とはいきません。したがって、これらの関係する企業すべてで示談に応じる必要があるものです。

なお、実務的には、その旨の各社の合意を得た上で、元請のスポンサー企業と被災者を直接雇用している企業とで示談にあたることとなります。

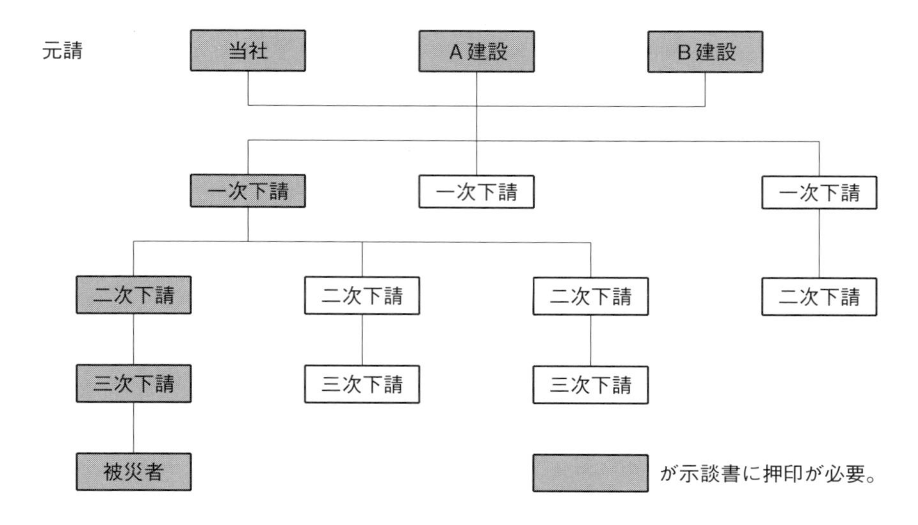

Q115

現場で労災事故により、３次下請の作業員が利き腕を失いました。示談は本人相手でよいのでしょうか？

Answer.

本人が当事者であり、本人を直接相手にする必要があります。

示談は、その事故で損失を被った者が相手です。誰が損失を被ったかというと、当該本人ですから、あくまでも本人を相手にすべきです。

しかしながら、本人がもし弁護士を雇ったのであれば、委任状の確認ができた段階でその弁護士を相手にすることとなります。

時として本人の親戚を名乗る人が出てくることがありますが、委任状を確認できるかどうかが重要であり、委任状がない場合には、その人物ではなく本人を相手にしなければなりません。

ところで、被災者本人の性格により、親族や友人が付き添ってくる場合があります。付き添いを断ることは、示談をこじらせますから、断ってはなりません。後で「無理矢理判を押させられた」といった主張をされることがあります。ただし、付添人がいろいろ主張している場合の本人の様子をうかがい、交渉を任せているような態度なのか、迷惑がっているのかを確認することは重要です。もし、本人がその人物を信頼しているのであれば、誠心誠意その人物と話を尽くすべきでしょう。

双方が弁護士を立てた場合には、会社側の弁護士に任せきりにするのではなく、逐次進行状況を確認し、どの程度の金額で示談が成立するかを見極めて必要な指示を出す必要があります。任せきりにすると、弁護士同士で話を決めてしまうことがあり、結果として高額な示談金となることがあるからです。

なお、死亡災害の場合には、本人はいませんから、遺族を相手にします。P156を参照してください。

Q116

当社の施工する工事現場で死亡災害が発生しました。遺族補償にはどのようなものがあるのでしょうか？

Answer.

労基法と労災保険法に定めがあります。

労基法において、遺族補償年金と葬祭料が定められています。労災保険法では、年金について前払一時金の制度があり、満18歳未満の子がいる場合には、労災就学等援護費が支給されます。

1　遺族補償年金

労災保険法においては、遺族補償給付の内容は、生計維持関係のある遺族に対しては遺族補償年金を給付し、生計維持関係のある遺族がいない場合には、遺族補償一時金を給付することとされています（同法第16条）。遺族の範囲については、P156を参照してください。

生計維持関係とは、同居している扶養家族が典型ですが、両親に仕送りしていた場合の両親も含まれます。実務上は、「労働者の死亡の当時その収入によつて生計を維持していたことの認定は、当該労働者との同居の事実の有無、当該労働者以外の扶養義務者の有無その他必要な事項を基礎として厚生労働省労働基準局長が定める基準によつて行う。」（労災保険則第14条の4）とされており、労基署が調査をします。

2　遺族補償一時金

遺族補償一時金は、次の場合に支給されます（労災保険法第16条の6）。

(1) 労働者の死亡の当時遺族補償年金を受けることができる遺族がないとき。

(2) 遺族補償年金を受ける権利を有する者の権利が消滅した場合において、他に当該遺族補償年金を受けることができる遺族がなく、かつ、当該労働者の死亡に関し支給された遺族補償年金の額の合計額が当該権利が消滅した日において遺族補償一時金を支給すべき場合における遺族補償一時金の額に満たないとき。

遺族補償一時金の受給権者は、次のいずれかに掲げる者です。

(1) 配偶者

(2) 労働者の死亡の当時その収入によって生計を維持していた子、父母、孫及び祖父母

(3) 前号に該当しない子、父母、孫及び祖父母並びに兄弟姉妹

遺族補償一時金を受けるべき遺族の順位は、前述の順序により、(2) 及び (3) に掲げる者のうちにあっては、それぞれ、そこに掲げる順序によります。

3　遺族補償年金前払一時金

遺族補償年金の前払一時金とは、遺族補償年金を支払う場合であって、遺族からの請求により、一定限度額の範囲で年金を一時金の形で前払いし、その額に達するまで年金の支給を停止する制度です（労災保険法第60条）。まとまった額を支払うことで遺族の生活の安定を図ることを目的としています。

4　労災就学等援護費

遺族に18歳未満の子がある場合には、在学している場合に限り労災就学等援護費が支給されます。これは、労災保険法に基づく給付というより、社会復帰促進事業の一環として支給されるものです。大学院まで支給が認められますが、留年は認めない等一定の要件があります。毎年、就学状況に関する報告を所轄労基署に提出しなければなりません。

Q117

遺族補償を受ける者については、単に配偶者であればよいということでしょうか？それとも、それ以外に何か要件があるのでしょうか？

Answer.

就業状況や年齢が問題となります。

たとえば、女性労働者が業務上死亡した場合、一般的に夫は無職であることは少ないので、専業主婦と同じ補償をすると不公平になるからです。そのようなことから、労災保険法では次のように定めています。

「遺族補償年金を受けることができる遺族は、労働者の配偶者、子、父

母、孫、祖父母及び兄弟姉妹であつて、労働者の死亡の当時その収入によつて生計を維持していたものとする。ただし、妻（婚姻の届出をしていないが、事実上婚姻関係と同様の事情にあった者を含む。以下同じ。）以外の者にあつては、労働者の死亡の当時次の各号に掲げる要件に該当した場合に限るものとする。」（労災保険法第16条の2第1項）。

1 夫（婚姻の届出をしていないが、事実上婚姻関係と同様の事情にあった者を含む。以下同じ。）、父母または祖父母については、60歳以上であること。
2 子または孫については、18歳に達する日以後の最初の3月31日までの間にあること。
3 兄弟姉妹については、18歳に達する日以後の最初の3月31日までの間にあることまたは60歳以上であること。
4 前3号の要件に該当しない夫、子、父母、孫、祖父母または兄弟姉妹については、厚生労働省令で定める障害の状態にあること。

Q118

示談金額は、どのようにして決めればよいでしょうか？

Answer.

王道はありませんが、被災者側の真の意向を汲み取ることが重要です。

示談金額は一概にいえませんが、逸失利益と精神的な苦痛に対する慰謝料とに分けられ、その合計となります。

逸失利益とは、その災害の結果、本人が将来得られたはずの利益であって、受けることができなくなったものをいい、身体障害を負った場合や死亡災害の場合が典型です。一時金で支払う場合には、ホフマン方式で計算した利息分を差し引くのが一般的です。

慰謝料は、精神的な苦痛に対する補償という側面があることから、その算定が難しいものです。極論すれば、いくらであっても成立する可能性があるわけです。反面、事故後の事業主（元請を含む）側の対応の不手際があったりすると増額要因となります。そして、労災保険給付を含めた総額で考える必要があります。
いずれにせよ、交通事故や労災事故等におけるこれまでの裁判例が参考となります。
また、過失相殺という考え方があり、当該災害発生に関し、被災者本人の落ち度がどの程度あったかにより、示談金額は減額されます。
ところで、葬儀については、初七日、四十九日などの宗教的行事があります。これは、遺族の気持ちが落ち着くまでの期間を考慮して、区切りを付ける意味で実施するものと考えられます。
したがって、示談を行う場合には、四十九日を過ぎてから本格的に行うのがよいでしょう。
なお、被災者（遺族）側は、なるべく多くもらいたいと思っている場合もありますが、使用者が賠償すべきものを労災保険が肩代わりしているという考え方から、使用者がすべて賠償し尽くしたと判断されると、労働基準監督署では給付の差止（停止）や回収（返還）をすることがあります。労災保険給付は、示談と別枠で行われるのではありませんからご注意ください。

Q119

死亡災害が発生し、遺族と示談することとなりましたが、すぐに弁護士を依頼したほうがよいでしょうか？

Answer.

遺族の出方を確認してからでよいでしょう。

示談の最初から弁護士が出ると、遺族に対し強圧的な印象を与えることが少なくないため、必ずしも良策とは思われません。
しかし、示談の金額を確定する際には、弁護士が関わって金額が決まったとするほうが社長の決裁を受けやすくなりますし、遺族の納得が得やすいでしょう。
労災保険に関し、実務に精通している弁護士はまれです。実務に限っていえば、社会保険労務士のほうが精通している可能性は高いでしょう。とはいえ、示談とは交渉ごとです。相手のあることですから、相手を刺戟しないことを第一に考え、訴訟に至らないで終わる可能性を高めるように進めるべきでしょう。

そのためには、遺族と直接会って示談にあたるのは会社の担当者とし、いつでも弁護士を頼める状態としておくか、アドバイスを受けられる体制を確保しておくことです。また、示談の内容によって労災補償の内容が変わることがありますから、その点に留意して所轄労基署と連絡を密にしておく必要があります。

ただし、訴訟になることを恐れているような印象を与えると、示談はうまくいきませんから、そのかねあいは難しいところです。

Q120

当社施工の工事現場で発生した労災事故に関し、示談の席に被災者本人に付き添ってくる人物がいます。親族でもないらしいのですが、毎回一方的に大声で怒鳴り散らすばかりで話になりません。どのように対応したらよいでしょうか？

Answer.

まともに相手をしてはいけません。被災者とどのような関係かをよく把握し、その方の立場に応じて対応します。

本人が、それに何の反応もせず、ただ黙っているだけだとすると、本人にお金を貸しているなどの利害関係者だと思われます。俗にいう付け馬の可能性が高いでしょう。

被災者本人にお金を貸していて返却が滞っていると、労災事故は絶好の回収の機会なので、本人に代わってでもより多くの金銭を得ようとするものです。

したがって、後で本人に、その人物との関係を問いただしてみる必要があるでしょう。その上で、当該第三者に委任状の提出を求めるのも一つの方法です。もし委任状がないのであれば、同席を断る必要があります。

逆に、本人がその人物に交渉を任せるというのであれば、どのような事情であるのか、委任状を書くのかどうかを確かめ、場合によっては会社側の出方を考えて弁護士を同席させるなどの対応を検討する必要があり、そのことを本人に伝える必要があります。訴訟に持っていくほうが会社側にとってよい場合もありますので、そのように、つまり「法廷で争いましょう」と本人に伝えなければなりません。基本的には本人が訴訟を提起するのが筋ですが、会社側が訴えを起こす方法としては、「債務不存在確認の訴え」という形になります。

要は、その人物に会社との交渉を任せることが、示談を円滑に進める障害となることを、本人に理解してもらうことが重要です。

Q121

当社の施工する現場で死亡災害が発生しました。判明した遺族は、被災者の姉夫婦でしたが、「当方とは関係ない」の一点張りで、とりつく島もない状態です。どのようにすればよいでしょうか？

Answer.

誠意を持って対応し、それでもだめなら労働基準監督署に相談してください。

まずは、遺族に対し、労災保険請求に関する手続、貴社との示談等について、説明の手紙を送り、反応を待つことになります。

遺族に対する対応には、1葬儀、2労災保険関係、3慰謝料（示談等）があります。

遺族が連絡を拒否しているのであれば、とりあえず葬儀を実施し、遺骨を雇用主である下請会社に保管させることとなります。

示談と労災保険給付については、遺族が対応してくれなければ実行できませんから、請求についての連絡をした上で保留しておくこととなります。この場合、電話だけで終わらせるのではなく、文書で通知することが必要です。また、一度は足を運ぶべきです。

特に労災保険給付については、遺族補償は遺族に請求権があり、その請求を待って労基署は調査を実施し、給付の可否を決定します。遺族が対応を拒否しているということは、その請求を促すことができませんので、時効の５年間を経過するまで遺族が請求するのを待つこととなります。その間の経過については、労基署に連絡しておく必要があります。

しかしながら、そのような状態であれば生計維持関係はたぶんないと想定されますが、その場合であっても、遺族補償一時金（非課税）が労基署から支払われるということがわかると態度が変わる場合もあります。

遺骨については、どうしても遺族が引き取りを拒否するということもあります。そのような場合には、生前の本人と身内との関係に踏み込むわけにはいきませんから、本人が居住していた地方自治体にその旨説明して無縁仏として葬ることもやむを得ない場合もあるでしょう。

いずれの場合であっても、遺族である身内の人たちに対する連絡等を尽くすことが必要です。関わり合いを拒んでいる場合であっても、自分たちに何の不利益もないとわかると対応してくることもあるからです。

Q122

当社の工事現場で死亡災害が発生しましたが、遺族の所在が不明です。どのようにしたらよいのでしょうか？

Answer.

まずは、労働基準監督署にその旨相談してください。

遺族の所在調査に努め、それでも不明であれば、後日の判明に備えるだけでしょう。

遺族に対する対応には、１葬儀、２労災保険関係、３慰謝料（示談等）があります。

遺族が不明であれば、とりあえず葬儀を実施し、遺骨を雇用主である下請会社に保管させることとなります。

示談と労災保険給付については、遺族が判明しない限り実行できませんから、保留しておくこととなります。その間の経過については、労基署に連絡しておく必要があります。労基署の職務権限による調査で判明することがあるからです。

特に労災保険給付については、遺族補償は遺族に請求権があり、その請求を待って労基署は調査を実施し、給付の可否を決定します。遺族が判明しないということは、請求を促すことができませんので、時効の５年間を経過するまで遺族が判明するのを待つこととなります。

遺骨については、どうしても遺族が判明しない場合や判明したものの引き取りを拒否した場合には、地方自治体にその旨説明して無縁仏として葬ることもあり得るでしょう。

なお、いずれの場合であっても、遺族、すなわち身内がどこにいるかの調査を尽くすことが必要です。

Column

戸籍謄抄本や住民票の請求者

近年、戸籍謄抄本や住民票の請求が難しくなっています。以前は、小中学校の入学時期に学習塾等から案内が届くとか、厄年の頃に神社等から厄払いの案内が届くなどのことがありました。

しかし、個人情報保護法や住民基本台帳法の施行等により、市区町村役場におけるこれらの書類の請求にあたり、請求人と筆頭者等との続柄や関係を尋ねられ、請求を拒否されることが多くなりました。

遺族の確認とはいえ、「死亡災害が発生したことの証明」を求められると、ちょっと困ります。労働者死傷病報告の控えや死体検案書（写し）で理解が得られるかどうかですが。

Q123

安全配慮義務という言葉を聞きましたが、どのような意味でしょうか？また、元請と下請での違いはあるのでしょうか？

Answer.

労働災害発生時の事業主の責任という意味です。元請と下請とでは、立場とその責務に応じて異なります。

事業主には、労働者を無事に帰宅させる義務があるという意味です。

労働契約には、賃金や就労場所、従事する業務や労働時間等の事項が入っています。しかし、労働者が業務上負傷し、疾病にかかり、または死亡することについて事業主に防止義務があることは規定されていないことが多いものです。

この点について、裁判例が積み重ねられ、最高裁判決において、事業主は労働者を無事に帰宅させる義務を、暗黙の労働契約内容として負っている、とされました。これが安全配慮義務です。

したがって、労働災害が発生すると、事業主の安全配慮義務違反が問題となります。安衛法違反があれば、自動的に安全配慮義務違反が認定されるわけですが、違反がない場合であっても、その結果についてなにがしかの安全配慮義務違反が認められ、損害賠償が認められることが多いものです。

2008年3月に施行された労働契約法では、労働者の安全への配慮として、「使用者は、労働契約に伴い、労働者がその生命、身体等の安全を確保しつつ労働することができるよう、必要な配慮をするものとする。」（第5条）として、判例で定着した安全配慮義務を条文上明文化しました。

安衛法関係の法令は、最低限度の基準として罰則が科せられているわけで、法令違反がないことで満足するのではなく、一層の労働災害防止に努める必要があるということです。

特に近年、過労死、メンタルヘルス不調、セクシュアルハラスメント、パワーハラスメント等について、事業主の安全配慮義務違反を認めた判決が多くなっている点に注意が必要です。

ここで、「事業主」とは、当該労働者を直接雇用している者をいい、元請ではありません。元請は統括管理責任があり、事業主の責任と範囲が異なります。中間の下請は「注文者」としての責任を負うだけです。現場における災害防止活動において、各下請にその点の自覚を持たせることが重要です。

なお、近年訴訟例が増えている使用者の安全配慮義務違反に基づく損害賠償請求は、民法第415条に規定する債務不履行であるとされており、その請求時効は民法第167条により10年であることに注意してください。つまり、示談が成立しない限り10年間は訴訟になる可能性があるということです。

Column

そのひと言で訴訟に

死亡災害が発生した場合には、当該企業の現場責任者や元請の現場所長等は、家族（遺族）への見舞いに行くことが多いものです。その際、ちょっとした不用意なひと言をつぶやいたがために、示談で終わらず民事訴訟となることがあります。

最初から低姿勢だと会社が悪いことをしていたみたいだとか、相手にスキを見せないためとか、その理由はいろいろでしょうが、人間は感情の動物です。遺族側の感情を逆撫でしないようにする必要があります。

「彼がちょっと足場の手すりを外したから」とか、「(本人が) うっかりしたんだね」といったような発言は御法度です。さらには、「会社としては迷惑だ」といった意味の発言は、その場ではしてはいけません。言葉だけでなく、態度にも表れないように注意しなければなりません。

もし会社として主張すべきことがあるのであれば、労基署へ意見書を出すなり、後日改めて争う姿勢が必要で、この場はまずはお悔やみを優先すべきでしょう。

家族が「(今回の件で) 会社にはお世話になった」という印象を持てば、日ごろつきあいのない親戚連中が強硬なことをいっても、それをいさめることがあるものです。

反面、幹部の見舞いの際に、部下が遺族よりも上司のご機嫌をうかがうかのようなそぶりをすると、遺族側としてはいやな気分になるものです。この点では、2009年に公開された映画「沈まぬ太陽」は大変参考になります。

なお、労基署が安衛法違反で司法処分する際、元請や当該下請企業がどれほどの補償金を支払ったか、つまり身銭をいくら切ったかが、情状酌量に影響することは知っておいて損はないでしょう。

Q124

当社では、工事現場の労災上乗せ保険に加入しています。示談の際、この保険から支払われる金額も含めてよいのでしょうか？

Answer.

この保険から支払われる金額も含めて計算することになります。

示談とは、被災者と建設会社との和解による決着です。支払われる金額は、被災による逸失利益と慰謝料とで構成されています（P164参照）。基本的に二重の補償は受けられず、示談の内容によっては、労災保険給付が制限される場合もあります。

したがって、労災保険から支払われるものと上乗せ保険から支払われるものと、会社側がいわゆる身銭で支払うものとの合計が、示談金額となります。上乗せ保険は、会社側が支払うべきものを軽減する役割を持った保険といえますので、上乗せ保険に加入していなければその分も会社側が支払うこととなります。

この点で、相手側に誤解があると、つまり、それらのほかに労災保険からこれだけのものが支払われるだろうといった思惑で示談に応じ、後日「そんなはずではなかった」ということが生じてしまいますから、労基署とも連絡を密にして、合計でどのくらいの金額を受け取ることができるかの理解を深めておく必要があります。

労災保険給付は、本来事業主が支払うべきものを保険制度として肩代わりするものであり、示談と別枠で支払われるものではありません。

Q125

当社施工の工事現場で死亡災害が発生しました。被災者は一人親方でした。示談に当たってどのような点に注意が必要でしょうか？

Answer.

まずは、当該一人親方が労災保険に特別加入しているかどうかを確認してください。

基本的には、労働者の場合と同じですが、労災保険に特別加入していなければ、労災保険からの給付がありませんから、その分を上乗せして賠償金額を決める必要があります。

一人親方とは、従業員を雇用していない事業主です。工事現場で働いていることに変わりはありませんから、被災した場合には、元請責任が問われます。

また、将来の逸失利益をどのようにとらえるかは、労働者の場合と異なりますから、過去の年収等を勘案する必要があります。ただし、事業主には、自分の安全にも配慮する義務がありますから、その点の被災者の過失がどの程度あるかによって減額要因となります。

第６章
メリット制、無災害表彰、労災かくし、職業性疾病、健康管理手帳等

工事現場の規模により、一括有期工事となるか単独有期工事となりますが、後者の場合には、労災保険料に関してメリット制が適用されると共に、全工期無災害表彰の対象ともなります。

一方、労災事故が発生したことを労基署に隠すため、労災かくしがいまだ跡を絶ちません。労災かくしの問題点、特に同種災害予防という観点から処罰が重いということと、被災者の治療が進まない実態について、知っておく必要がありましょう。

また、建設工事に長期にわたって従事していた労働者がじん肺や石綿疾患などの職業病を発症した場合、どのような対応をすべきか知っておくことは大変重要です。

本章は次の構成となっています。

1. メリット制とは
2. 全工期無災害表彰とは
3. 都道府県労働局長表彰（全国安全週間表彰）
4. 厚生労働大臣表彰（同上）
5. 労災かくしとその予防対策
6. 職業性疾病と労災保険、健康管理手帳
7. 費用徴収と求償（都道府県労働局長からの請求書）

1. メリット制とは

Q126

労災保険にメリット制というのがあるそうですが、どのような制度でしょうか？

Answer.

労働災害の発生状況（労災保険からの給付状況等）により、保険料を割り増しし、または割り引く制度です。

対象となるのは、確定保険料が 100 万円以上または消費税を除き請負金額１億１千万円以上の工事です。それより小さい工事だと、死亡災害等の重大災害でなくても算定の元となる収支率に大きく影響することから、一定規模以上のものを対象としているものです。

一括有期工事の場合には、１保険年度の確定保険料が 100 万円以上の場合と 40 万円以上 100 万円未満の場合があります。

保険料の増減は、プラスマイナス 40%の範囲で行われ、保険給付等に関する収支率を計算し、その結果としての収支率が 85%を超えると保険料を増額し、75%以下だと減額するものです。

収支率とは、増減のない場合の保険料に対し、労災保険給付した額がどの程度かを表す率です。労基署で計算することになります。

たとえば、上記要件に該当する工事が無災害で終われば、労災保険からの給付はゼロですから、収支率はゼロで保険料は最大の 40%減となります。

なお、この計算における労災保険給付には、通勤災害に対する給付と二次健康診断等給付は算入しないこととされています。事業主に責任がない事項だからです。

2. 全工期無災害表彰とは

Q127

工事現場において全工期無災害表彰という制度があると聞きました。どのような制度でしょうか？

Answer.

一定規模の工事現場について、労働災害がほとんどないことに対する表彰制度です。

単独有期事業の工事現場において、休業災害がなく、かつ、身体障害を伴う傷病等がない場合、申請により厚生労働省労働基準局長名の表彰状が授与されます。

一般に、「無災害」というと、労災事故ゼロと考えがちですが、いわゆる赤チン災害まであってはいけないというものではありません。

厚生労働省で定める「建設事業無災害表彰内規」（平 11.9.1 基発第 519 号）では、概算または確定保険料 160 万円以上の工事（単独有期事業）を対象とし、「全工期を通じ、業務上の災害（出張等で一般公衆の用に供せられる交通機関を利用中に発生したものを除く。）が発生しなかった事業場に様式第 1 号による表彰状を授与する。」（同内規第 3 条第 1 項）とし、第 2 項では、「前項の災害は、死亡災害、休業災害またはこれらの災害以外の災害であって労基則別表第 2 身体障害等級表に掲げる身体障害を伴うものとする。」とあります。

したがって、不休災害が発生していても、身体障害を伴わなければよいということになりますので、労災事故が発生した場合であっても、表彰を受けることができる場合があるということです。

参考までに、この表彰の申請様式は次ページのとおりです。

○○○○年○○月○○日

川崎南労働基準監督署長　殿

事業場所在地　川崎市川崎区鈴木町 10-23
事　業　場　名　川崎建設株式会社
事業者職氏名　代表取締役　丸山一太郎

全工期無災害表彰の申請について

弊社が施工した下記工事は無災害にて工事を完了致しましたので、労働者建設事業無災害表彰内規により表彰を賜りたく、申請致します。

なお、表彰後上記無災害表彰内規に合致していないことが判明した場合は、ただちに表彰状を返納致します。

記

<table>
<tr><td rowspan="2">工事関係</td><td>（1）工事の名称</td><td colspan="5">浮島 21 世紀計画新築工事</td></tr>
<tr><td>（2）工事の所在地</td><td colspan="5">川崎市川崎区浮島 3-45</td></tr>
<tr><td rowspan="4">労働保険番号</td><td rowspan="2">（3）労働保険番号</td><td>府県</td><td>所掌</td><td>管轄</td><td>基　幹　番　号</td><td>枝番号</td></tr>
<tr><td>14</td><td>1</td><td>03</td><td>812345</td><td>021</td></tr>
<tr><td>（4）請負金額</td><td colspan="5">5,325,800,000　円</td></tr>
<tr><td>（5）労働保険料</td><td colspan="5">概算・(確定)　○○○,○○○　円</td></tr>
<tr><td rowspan="5">工事関係</td><td>（6）着工年月日</td><td colspan="5">○○○○　年　○○　月　○○　日</td></tr>
<tr><td>（7）竣工年月日</td><td colspan="5">○○○○　年　○○　月　○○　日</td></tr>
<tr><td>（8）延労働者数</td><td colspan="5">○○,○○○　人</td></tr>
<tr><td>（9）労働時間数</td><td colspan="5">○○○,○○○　時間</td></tr>
<tr><td>（10）工事概要</td><td colspan="5">物流センター新築工事</td></tr>
</table>

確　認　証

上記工事においては、死亡災害、休業災害及び身体障害を伴う業務上の災害が発生しなかったことを確認します。

○○○○ 年 ○○ 月 ○○ 日

元請負人労働者代表氏名　羽柴五郎　印
関係請負人代表所属会社名　松山工業株式会社
所属会社所在地　横浜市港南区港南中央 3-2-1
職　氏　名　職長　明智良雄　印

（注）関係請負人代表には、次のいずれかの者があたること。
1．災害防止協議会の請負事業者である幹事等（請負事業者の代表を除く。）
2．工事現場における職長会等の代表者（請負事業者の代表を除く。）
3．次に掲げる請負事業者の当該現場における職長等
イ　当該現場において労働者数が最も多かった下請負事業者
ロ　工事期間中最も長時間にわたって当該現場で作業を行った下請負事業者
ハ　請負金額が最も多かった下請負事業者
ニ　躯体工事を請け負った下請負事業者
ホ　その他当該現場の下請負事業者を代表するにふさわしい者

Q128

当社の施工した建設工事で、全工期無災害表彰を申請したいと思います。念のためおたずねしますが、万一後日労災かくしが発覚したような場合には、どのようになるでしょうか？

Answer.

表彰状を返還することになります。

厚生労働省で定める「建設事業無災害表彰内規」（平 11.9.1 基発第 519 号）では、「労働省労働基準局長は、前条第 1 項の表彰状を授与した後に、当該表彰に係る事業においてその工期中に業務上の災害が発生した事実が判明した場合には、当該表彰状を返還させるものとする。」（第 4 条）とされています。

また、労災保険料のメリット制が適用されている場合には、保険料の再計算をすることとなりますので、追加納付が必要となることがあります。

Column

労災かくしが発覚しても表彰状を返さなかった事案？

「建設事業無災害表彰内規」は、昭和 31 年 3 月 14 日付け基発第 129 号通達で制定されました。

その後、平成 11 年 9 月 1 日付け基発第 519 号「建設事業無災害表彰内規の改正について」により、請負金額が上昇したことを受けて対象工事の見直しを図ると共に第 4 条が追加されました。

追加されたのは、「労働省労働基準局長は、前条第 1 項の表彰状を授与した後に、当該表彰に係る事業においてその工期中に業務上の災害が発生した事実が判明した場合には、当該表彰状を返還させるものとする。」という項目です。

この規定が追加されたということは、それまで、労災かくしが発覚しても表彰状を返さなかった企業がいくつかあったということが推測されます。

困ったものですね。

3. 都道府県労働局長表彰（全国安全週間表彰）

Q129

工事現場であっても、都道府県労働局長表彰が受けられる場合があると聞きましたが、どのような工事現場が対象になるのでしょうか？

Answer.

一定規模の工事現場であって、労働災害発生状況がほとんどゼロである場合が対象です。

都道府県労働局長表彰には、事業場または企業に対するものと、個人に対するものとがあり、工事現場の場合には前者のうち優良賞と奨励賞が対象となります。

要件は次のとおりです。

1　優良賞

地域の中で、安全衛生に関する水準が特に良好で他の模範であると認められる事業場または企業に対する表彰

2　奨励賞

地域の中で、安全衛生に関する水準が良好で改善のための取組みが他の模範と認められる事業場または企業に対する表彰

これだけだとやや抽象的なので、実際には、過去に表彰された事業場または企業もしくは工事現場との比較をし、それらに相当しまたは上回ると認められたものについて、労基署から労働局に推薦が上げられるのが通例です。その上で、労働局内で審議され、表彰の可否が決定されます。

なお、一般的にいって、休業災害と身体障害を伴う災害がないことが前提となります。

Q130

当社が施工した工事現場で、相当規模のものが無災害で竣工しつつありますので、都道府県労働局長表彰の推薦をお願いしたいと考えています。ところで、都道府県労働局長表彰を受賞した後、万が一労災かくしが発覚した場合、表彰の取扱いはどうなるでしょうか？

Answer.

表彰状を局長あてに返還することとなります。

全工期無災害表彰規定には、労災かくしが発覚した場合には表彰状を返還する旨の規定がありますが、都道府県労働局長表彰に関しては、特段そのような規定はないようです。しかし、趣旨は同じですから、返還せざるを得ないでしょう。

なお、労基署の推薦段階でその点の調査をするのですが、漏れがないように注意すべきでしょう。特に、下請業者が将来の元請からの受注がなくなることを考慮して災害がなかったように装う場合があることに注意が必要です。

4. 厚生労働大臣表彰（全国安全週間表彰）

Q131

建設工事現場で厚生労働大臣表彰を受けられるものがあると聞きましたが、どのような場合でしょうか？

Answer.

一定規模の工事現場であって、労働災害発生状況がほとんどゼロである場合が対象です。

厚生労働大臣表彰には、事業場または企業に対するものと、個人に対するものとがあり、工事現場を対象とするものには前者のうち優良賞があります。その要件は、「安全衛生に関する水準が特に優秀で他の模範であると認められる事業場又は企業に対する表彰」とされています。

これだけだとやや抽象的なので、実際には、これまでに表彰された事業場または企業もしくは工事現場との比較をし、それらに相当しまたは上回ると認められたものについて、労基署から労働局に推薦が上げられ、労働局から厚生労働省に上げられるのが通例です。一般的に、都道府県労働局長の表彰対象よりは規模の大きな工事が対象です。

なお、本省に推薦が上げられた後、全国での件数のバランスや他の推薦工事との均衡（工事の規模、安全衛生成績等）などの点から、受賞できない場合もあるようです。

Q132

当社が施工した工事現場で、相当規模の大きなものが無災害で竣工しつつあります。そのため、所轄労基署から厚生労働大臣表彰の推薦を上げるための調査を受けました。ところで、厚生労働大臣表彰を受賞した後、万が一労災かくしが発覚した場合、表彰の取扱いはどうなるでしょうか？

Answer.

表彰状を厚生労働大臣あてに返還することとなります。

全工期無災害表彰規定には、労災かくしが発覚した場合には表彰状を返還する旨の規定がありますが、厚生労働大臣表彰に関しては、特段そのような規定はないようです。しかし、趣旨は同じですから、返還せざるを得ないでしょう。

なお、労基署の推薦段階でその点の調査をするのですが、漏れがないように注意すべきでしょう。特に、下請業者が元請等から将来の受注がなくなることを考慮して災害がなかったように装う場合があることに注意が必要です。

5. 労災かくしとその予防対策

Q133

「労災かくし」という言葉をよく聞きますが、どのようなことをいうのでしょうか？

Answer.

労働安全衛生法第 100 条違反、労働安全衛生規則第 97 条違反となる場合です。

労災事故が発生した場合に、労働者死傷病報告を遅滞なく所轄労基署に提出せず、または虚偽の内容を記載して提出した場合をいいます。この「遅滞なく」とは、「遅延することについて正当な理由がある場合を除き直ちに」の意味とされています。

したがって、労災保険を使ったかどうか（労災で治療を受けたかどうか）は関係ないことになります。

しかしながら、労災かくし事案では一般的に労災保険による治療を受けさせない場合がほとんどで、現金、健康保険、国民健康保険等による治療が多いようです。逆に、労災保険での治療を受けさせるため、災害の発生状況に虚偽の記載をすることがままあります。

元々労基法では、「労働者が業務上負傷し、又は疾病にかかつた場合においては、使用者は、その費用で必要な療養を行い、又は必要な療養の費用を負担しなければならない。」（第 75 条第 1 項）と規定していますから、治療費を使用者が負担すれば何も問題ないように思われます。

しかし、治療の内容によっては 1 日 100 万円単位の治療費が必要となる場合もありますし、身体障害を伴う場合には、その程度によっては相当額の年金となることもありますから、一企業が負担するには高額となりかねません。このため、治療がおざなりなまま終了することもあります。このようなことを避けるため、労災保険により必要最低限度の治療について国が費用を支払う制度としているものです。

建設事業の場合には、元請に補償責任を負わせることとしています（第87条第1項）ので、下請の労働者が負傷した場合には、当該下請業者が元請にその旨申請をしなければなりません。しかしながら、その申請をしたがため、次から仕事が受注できなくなると困るという下請の思惑から、労災かくしに走る事案が多いようです。

時として、全工期無災害表彰をもらいたいとか、メリット制による保険料減額に支障が出るという元請の思惑から、その旨の指示が出されることもあるようです。

Q134

万一労災かくしが発覚した場合、罰則はあるのでしょうか？

Answer.

罰則があります。

安衛法第120条第5号では、「第100条第1項又は第3項の規定による報告（注＝労働者死傷病報告ほか）をせず、若しくは虚偽の報告をし、又は出頭しなかった者」に対し、50万円以下の罰金に処する旨規定しています。

労基署では、労災かくしが発覚した場合、この条文違反として安衛法違反容疑で送検することがほとんどです。その結果、ほとんどの場合罰金刑となり、よほどの情状酌量すべき事情がない限り起訴猶予にはなりません。

起訴猶予とは、法違反はあるが処罰するほど悪質ではないとする処分で、検察官のみに認められている微罪処分（実質的に無罪扱い）です。

起訴猶予とならないのは、労働者死傷病報告が、労基署の立入調査のきっかけとなるものであり、調査の結果法令改正やメーカーに対する改善指導を行うなど、労働災害の再発防止のために重要な役割を担った制度となっているからです。

Q135

労災かくしが発覚した場合、メリット制の取扱いはどのようになりますか？

Answer.

さかのぼってメリット制に関する再計算をし、保険料の増額等の手続が取られます。

メリット制は、その工事に対する労災保険料に対し、どの程度の労災保険給付をしたかという収支率を元に保険料を増額し、または減額する制度です。

労災かくしが発覚した場合には、一般的に労災保険による治療をしていないことが多いので、労災保険による治療に切り替えることとなります。

その結果、メリット制の元となる労災保険給付額が異なることとなりますので、収支率を再計算し、保険料の修正をすることとなります。

Q136

労災かくしをした場合、怪我が治りにくいと聞きますが、なぜでしょうか？

Answer.

医療機関が十分な治療をしないことがあるからです。

たとえば健康保険法では、労災保険による給付が受けられる場合には、給付をしない旨定めています（第55条）。国民健康保険法でも同様です。

このため、その場は健康保険や国民健康保険で治療を受けられたとしても、病院側からすれば、療養費を請求しても支払われない可能性が高いことになります。あるいは、いったんは支払われたものの、後日その治療費を回収（返還）されるということもあります。

医師が怪我の様子などから仕事によるものと判断した場合には、医療機関としては命に別状のない限度で極力治療をしないことにより、治療費が支払われないという事態を避けようとすることがあります。

その結果、1週間も寝ていれば治るであろう足首の捻挫が、3か月たってもまだ痛いという状態となるわけです。場合によっては、骨折した骨がおざなりな治療の結果ゆがんでくっつくということも生じますし、きちんとした治療であれば身体障害が残らないのに、残るということもあります。

下請の社長が治療費を現金で支払った場合はどうかといいますと、高額の治療費が見込まれる場合、突然社長が病院に来なくなるかもしれないということを、医師（病院）は考えざるを得ないのです。

病院も経営が成り立たないような治療をしていたら倒産する時代です。ですから、仮にこのような治療をしたからといって、むげに非難することはできません。「医は仁術」という言葉がありますが、江戸時代の言葉であって、現代では通用しないことがあるということです。

反面、労災保険での治療となれば、治療費を支払うのは国ですから、医療機関は安心して治療に専念できるわけです。その結果、被災者は早く社会復帰できることが多いものです。

Q137

下請の労災かくしを防ぐには、どのような方法があるでしょうか？

Answer.

元請と下請の信頼関係を築くことが重要です。

下請が元請に知らせないまま労災かくしをすることがままあります。なぜそのようなことをしたのかと問うと、「元請に迷惑がかかるから」と答えることがほとんどです。どのような迷惑がかかるのかと訊いても答えはありません。

それは、そのような災害が発生したということは、安全管理がずさんな業者だ、ということで次回からその元請からの仕事がもらえなくなることをおそれているからです。つまり自社のためです。元請に迷惑がかかるからではないのです。

ということは、そのおそれをなくせばよいわけです。労災事故が発生したとしても、将来の受注には影響しないことを協力会社に徹底しなければなりません。

次には、現場内での風通しのよさです。現場所長やサブの人間が毎日現場を回り、作業員に声掛けをしていくことが重要です。何かあれば元請に直接言うことができるという雰囲気があれば、労災かくしを起こしにくくなります。

労働者側から見れば、万一現場で負傷したとき、労災保険できちんと治療を受けられるという安心感を持てるかどうかが、最も重要です。安全衛生管理活動（労災事故防止対策）の一環として、万一負傷しても、直ちに労災保険で十分な治療を受けられるという雰囲気作りをすべきでしょう。

安全衛生管理活動は重要ですが、「何が何でもゼロ災害」とか、「災害を起こすと大変なことになる」といった活動は、労災かくしを助長していることになりかねませんから、その進め方は工夫を要します。

場合によっては、現場外に「元請労災 110 番」として電話を設定しておき、下請の労働者が直接かけられるようにしておく方法もあります。元請の本社や支店の安全衛生管理部門、あるいは社会保険労務士事務所や弁護士事務所のように、現場と直接関係のないところに電話を設置することがポイントです。

6. 職業性疾病と労災保険、健康管理手帳

Q138

当社の元社員で現場監督をしていた者が、中皮腫を発症したとのことで会社に来ました。労災の請求手続は当社で行うのでしょうか？

Answer.

そのとおりです。

中皮腫は、石綿に起因する職業性疾病の一つです。貴社の施工する工事現場において石綿にばく露した（石綿粉じんを吸い込んだ）ことが想定さ

れ、それが原因で発症したことが考えられますので、貴社の所在地を管轄する労基署に相談してください。労災保険から治療費等が出る可能性が高いと思われます。

なお、他社で働いていて、そこでも石綿にばく露した可能性があるとすると、主たる勤務先だった事業場が労災保険手続を取ることとなりますので、その点の確認が必要です。

Q139

当社は、ずい道（トンネル）工事を多く施工してきました。先日、以前当社の工事現場で働いていたという下請の労働者が来社し、じん肺の合併症が見つかったので、労災請求したいといってきました。どのように対応すればよいでしょうか？

Answer.

まず、本人の職歴等を確認してください。

じん肺とその合併症を労災保険で治療するためには、従事歴を明らかにした上で、最後に粉じん作業に従事した職場（の元請）で労災請求手続を取ることとなります。

最後に粉じん作業に従事した職場を「最終職場」といいます。最終職場の労災保険番号でじん肺およびその合併症について治療が行われ、休業補償等の支給もされます。

最終職場としているのは、複数の粉じん作業職場で従事していたとして、じん肺およびその合併症は、どの職場が主たる要因で発症したかを確認する方法がないことから、その治療にあたっては最終職場の労災保険番号を使うという制度です。その職場を施工していた企業の責任を問うものではありませんから、本人の話を聴き出した上で、当該下請企業が残っているのであればそこにも確認をし、労災保険の請求用紙に元請としての証明をしてください。

最終職場であるということは、直ちに損害賠償請求の対象となるということではありません。また、労災保険料のメリット制にも関係しないこととされています。

Q140

当社の施工したずい道工事で最後に粉じん作業に従事したとのことで、ある下請の元労働者がじん肺の合併症が生じたため労災保険請求をすることとなりました。当社が最終職場としての証明をした場合、労災保険のメリット制はどうなりますか？

Answer.

労災保険のメリット制とは関係ありません。

労災保険のメリット制は、一定規模以上の工事現場（単独有期工事）等において、労災保険給付が納付した保険料に比べて相当高額（85％超）だった場合に、保険料を割増する制度です。災害がほとんどない（75％以下）ことで逆に減額されることもあります。

ところで、じん肺のように離職後相当長期間たって発症する疾病の場合には、いつの業務が直接の原因かわかりません。また、複数の事業場を渡り歩いている場合も、どの事業主の作業が直接の、あるいは主たる原因か決めることができません。

このため、原因となる業務に最後に従事した職場（最終職場）の労災保険番号を使って療養費等の給付を行うこととしているものです。労災保険の番号を使うだけですから、メリット制にはまったく影響しないこととされています。

Q141

振動障害、高気圧障害、難聴等が発症した場合、労災保険はどのようになりますか？

Answer.

いずれも業務による発症と認められれば、労災保険から療養費等が給付されます。

振動障害は、生コン打設時のバイブレーター、チェーンソーやコンクリートブレーカを用いる作業が典型ですが、手指の血行不良から白蝋病等を発症します。

高気圧障害は、圧気シールドや潜函工法あるいはダイバー（潜水夫）の業務などの高気圧下での作業により、股関節の障害をはじめとする様々な症状が発症します。場合によっては人工関節を必要とすることもあります。

難聴は、解体工事、はつり工事やチェーンソー、ブッシュクリーナーを用いる作業をはじめ、著しい騒音下での作業で発症します。騒音性難聴は治療ができず、身体障害としての後遺症に対する障害補償給付（一時金）のみとなりますので離職時（現役引退時等）に請求します。

いずれにせよ、対象業務への従事歴等を所轄労基署で調査した上で、労災保険給付されるかどうかが決定されます。

なお、趣味でスキューバダイビングをしていたとか、携帯音楽プレーヤーやカーオーディオで大音量で音楽を聴くなどしますと、これらの疾病を発症することがありますので注意が必要です。労災保険給付は、発症の主たる原因が業務である場合に限られているからです。

Q142

当社の下請で、石綿を含むスレートの加工を行っていた会社がありました。そこの労働者が定年を迎えるので、健康管理手帳の手続が必要とのことですが、健康管理手帳とはどのようなもので、どのような手続が必要か教えてください。

Answer.

都道府県労働局長に手続をする制度で、国の費用負担で特殊健康診断を受診できるようにするものです。

一定の健康に有害な業務に従事していた労働者に対し、離職後国の費用負担で健康診断を行うための制度であり、その資格を証明するのが健康管理手帳です。

安衛法第67条第1項では、都道府県労働局長は、がんその他の重度の健康障害を生ずるおそれのある業務で、一定のものに従事していた者のうち、一定の要件に該当する者に対し、離職の際にまたは離職の後に、当該業務に係る健康管理手帳を交付する、と定めています。

これを受けて安衛令第23条では13の業務を定めていますが、建設業に関係するのは、次の二つがほとんどと思われます。

業務	交付要件	
3　粉じん作業（じん肺法第2条第1項第3号に規定する粉じん作業をいう。）に係る業務	じん肺管理区分決定申請の結果、決定されたじん肺管理区分が管理二または管理三であること。	
11　石綿等の製造または取扱いに伴い石綿の粉じんを発散する場所における業務	石綿等を製造し、または取り扱う業務に限る。（直接取扱業務）	次のいずれかに該当すること。 1　両肺野に石綿による不整形陰影があり、または石綿による胸膜肥厚があること。 2　石綿等の製造作業、石綿等が使用されている保温材、耐火被覆材等の張付け、補修若しくは除去の作業、石綿等の吹付けの作業または石綿等が吹き付けられた建築物、工作物等の解体、破砕等の作業（吹き付けられ

		た石綿等の除去の作業を含む。）に1年以上従事した経験を有し、かつ、初めて石綿等の粉じんにばく露した日から10年以上を経過していること。 3　石綿等を取り扱う作業（前号の作業を除く。）に10年以上従事した経験を有していること。 4　前2号に掲げる要件に準ずるものとして厚生労働大臣が定める要件に該当すること。※
	石綿等を製造し、または取り扱う業務を除く。（間接業務）	両肺野に石綿による不整形陰影があり、または石綿による胸膜肥厚があること。

※　石綿の交付要件の2と3の両方の従事歴がある方については合算することができます。2の従事期間の月数を10倍し、3の従事期間の月数に足し合わせ、合計が120か月以上の場合には、手帳を受けることができます。

交付申請は、都道府県労働局の健康課または安全健康課です。申請に必要な書類は、次のものです。

1 健康管理手帳交付申請書（安衛則様式第7号）

2 手帳の交付対象業務に従事していたことを証明する書類

書類名	様式	備考
1　従事歴申告書	様式第1号	各手帳共通 申請者本人が記載
2　従事歴証明書 （事業者記載用）	様式第2号	石綿以外
	様式第3号	石綿
3　従事歴申立書 （本人記載用）	様式第4号	石綿以外
	様式第5号	石綿
4　従事歴証明書 （同僚記載用）	様式第6号	石綿以外
	様式第7号	石綿

これらの書類は厚生労働省のホームページからダウンロードできます。

粉じん作業については健康管理手帳交付申請書とじん肺管理区分決定通知書（管理二、管理三）の写しが必要で、2、3及び4は必要ありません。

石綿の場合は胸部エックス線写真を添付する必要があります。CT写真は胸膜肥厚の状態が確認しやすいので、なるべくなら添付したほうが判定されやすくなります。

労災保険による治療が終了した後で、アフターケアとしてアフターケア健康管理手帳が交付されるものがあります。同じ名前ですが、ここで述べたものとは違います。

なお、健康管理手帳の交付対象となる業務はこのほかにもありますから、有機溶剤や特定化学物質に該当する塗料、接着剤等を取り扱っている協力業者に対し、その旨周知しておくべきです。

Q143

当社の施工したずい道工事でじん肺になったとして、下請の労働者が健康管理手帳を交付されました。労災保険との関係はどのようになるのでしょうか？

Answer.

労災保険とは直接関係ありません。

健康管理手帳は、一定の有害業務に従事された労働者に対し、離職後に国の費用負担で健康診断を実施するものです。建設業では、石綿業務と粉じん作業によるじん肺が典型でしょう。

これは安衛法の規定に基づくもので、労災保険の治療の必要がない段階での健康管理を目的とするものであり、がん等の重篤な疾病を早期に発見するためのものです。

その後、労災保険による治療が必要となった場合には、ご本人が所轄労基署に労災保険給付の請求書を出すこととなります。その際、貴社で従事歴等の証明をすることとなります。その上で、労基署が改めて従事歴（粉じんばく露歴）等の調査を行い、業務上の疾病に該当するかどうかの判断をすることとなります。

健康管理手帳を交付する際に業務歴等の調査を行いますので、その点では参考になるわけですが、労災保険給付にあたってはさらに詳細な調査を行うこととなります。

Column

「私にはもう健康管理手帳は必要ありません」

神奈川労働局の労働衛生課勤務のとき、健康管理手帳に関する業務に関わったことがありました。

健康管理手帳は、ご本人が亡くなったときに、家族が郵送してくることが多いのですが、あるとき、ご本人が返送してきました。

その手紙には、「長年の間、国のおかげで健康診断を受けてきました。しかし、そろそろ私には健康診断は必要ないと考えましたので、健康管理手帳をお返しします。おかげさまで私も昨日満 93 歳になりました。」とありました。

Q144

以前当社で働いていた現場監督が、石綿業務に関する健康管理手帳の交付を受けたいといってきました。どのようにすればよいでしょうか？

Answer.

まず、本人の職歴等を確認してください。

現場監督という職務内容からすれば、直接石綿を取り扱う作業に従事していたわけではないでしょうから、胸部エックス線診断において胸膜肥厚が認められることが必要です。それが認められれば、健康管理手帳の交付が受けられます。会社としては、そのような業務に従事していたことと、その期間について証明書を書くこととなります。

本人は、それらの会社の証明書類と胸部エックス線写真を添えて、都道府県労働局長あてに「健康管理手帳交付申請」を行うこととなります。

実際には、都道府県労働局長が委嘱した複数の呼吸器専門医による合議で交付すべきかどうかの意見が出され、それに基づいて局長が決定しますので、本人が受けた医療機関と見解が異なることもないではありません。

いずれにせよ、健康管理手帳が交付されない場合はもとより、交付された場合であっても、労災保険による治療はまだ必要ないという意味ですから、誤解がないようにしてください。

胸膜肥厚は、胸部のCT写真があるとより正確に診断できるということなので、併せて添付するように助言してください。

なお、不交付と決定された場合で本人が不服という場合には、厚生労働大臣に対して審査請求することができます。

7. 費用徴収と求償（都道府県労働局長からの請求書）

Q145

先日発生した労働災害に関し、○○労働局長から費用徴収についての書類が届きました。どのような制度か教えてください。

Answer.

労働災害が発生した場合であって、事業主に一定の行為（落ち度）が認められた場合、労災保険給付額の一部または全部を事業主に負担していただく制度です。

労災保険法第31条第1項では、次のいずれかの場合には、政府はその保険給付に要した費用に相当する金額の全部または一部を事業主から徴収することができると定めています。

1 事業主が労働保険関係成立届を所轄の労基署長に提出する前に生じた事故

2 事業主が労働保険料を滞納している期間中に生じた事故

3 事業主が故意または重大な過失により生じさせた業務災害の原因である事故
(注＝法令違反に起因する事故)

なお、3に該当するもののうち、建設工事における下請と第三者行為災害における第三者（加害者）に対しては、「求償」という名目でそれぞれに対して請求されます。

Column

求償で下請社長が夜逃げ

横浜のみなとみらい地区の超高層ビルで作業員が墜落災害で死亡しました。安全帯（墜落制止用器具）は着用していましたが、取付設備がないという下請だけの違反（安衛則第 521 条違反）があり、送検。罰金を納め、示談が終わりましたが、2 年後にその社長は夜逃げをしました。神奈川労働局長から求償された 500 万円（当時）が支払えなかったのです。

著者略歴

村木宏吉

労働衛生コンサルタント　(町田安全衛生リサーチ代表)

昭和52年(1977年)に旧労働省に労働基準監督官として採用され、北海道労働基準局、東京局、神奈川局管内各労働基準監督署及び局勤務を経て、神奈川局労働基準部労働衛生課の主任労働衛生専門官を最後に退官。元労働基準監督署長。労働基準法、労働安全衛生法及び労災保険法関係の著作あり。

建設現場の労災保険の基礎知識 Q&A

2018年 8 月15日　第 1 版第 1 刷発行

編　著　　村　木　宏　吉

発行者　　箕　浦　文　夫

発行所　　株式会社大成出版社

東京都世田谷区羽根木 1 － 7 －11

〒156-0042　電話03(3321)4131(代)

印刷　亜細亜印刷

落丁・乱丁はおとりかえいたします。

ISBN978-4-8028-3334-9